西南传统村寨适应性空间优化图集

③横断山区

程海帆　张　盼　主编

中国建筑工业出版社

图书在版编目（CIP）数据

西南传统村寨适应性空间优化图集．③，横断山区 / 程海帆，张盼主编．—北京：中国建筑工业出版社，2023.3

ISBN 978-7-112-28457-3

Ⅰ.①西… Ⅱ.①程… ②张… Ⅲ.①少数民族—民族地区—村落—乡村规划—西南地区—图集 Ⅳ.①TU982.297-64

中国国家版本馆CIP数据核字（2023）第039100号

参与编写人员

本　书　主　编： 周政旭　吴　潇　程海帆

分　册　主　编： 程海帆　张　盼

分册编写组成员： 李睿达　胡　荣　刘俊铖　杨林梅　廖常左

董宇凡　王　钰　撒金兴　曾庆有

前言

我国幅员辽阔、地域多样、文化多元一体。西南地区是传统村落分布最为集中、地方和民族特色最为突出的地区之一。在漫长的历史进程中，植根于文化传统与地方环境，形成了风格各异、极具特色的村寨和民居，适应于不同的气候、地形、自然环境以及生计模式。但同时，西南村寨民居也存在应灾韧性不足、人居环境品质不高、特色风貌破坏严重、居住性能亟待改善等问题。现有的村寨设计技术适应性不强，相关技术单一缺乏集成，亟需研发集成西南民族村寨空间优化技术。

在国家“十三五”重点研发计划“绿色宜居村镇技术创新”专项“西南民族村寨防灾技术综合示范”项目所属的“村寨适应性空间优化与民居性能提升技术研发及应用示范”课题（编号：2020YFD1100705）的支持下，清华大学、四川大学、昆明理工大学联合西南多家科研院所、规划设计单位，开展村寨适应性空间优化技术研发示范工作，并在西南地区的数十个村寨开展示范。从技术研发与应用示范工作中总结凝练，最终形成中国城市科学研究会标准《西南民族村寨适应性空间优化设计指南》T/CSUS 50—2023。为配合指南使用，课题组编写本图集。

本书适用于中国西南地区存在空间优化及新建、扩建、迁移需求的村寨，针对喀斯特地区、苗岭山区、横断山区及高海拔聚居区等典型区域的村寨，提供适应性、本土化的设计指南和技术指引。本书共分四册，每册针对一个典型地区，涵盖村寨选址与体系优化、生态保护与农业景观、村寨形态与空间格局、公共空间与景观、村寨交通体系、村寨公用设施、公共服务设施、民居与庭院、低碳能源利用等内容。

本书由清华大学、四川大学、昆明理工大学团队合作编写。在理论研究、技术研发与指南和图集审查过程中，得到了中国科学院、中国工程院院士吴良镛教授，中国工程院院士刘加平教授，中国工程院院士庄惟敏教授，中国城市规划学会何兴华副理事长，清华大学张悦教授、吴唯佳教授、林波荣教授，四川大学熊峰教授，云南大学徐坚教授，西南民族大学麦贤敏教授，西藏大学索朗白姆教授，中煤科工重庆设计研究院唐小燕教授级高工，重庆市设计院周强教授级高工，安顺市规划设计院陈永卫教授级高工的悉心指导、中肯意见和大力支持。在技术研发与示范过程中，得到中国建筑西南设计研究院有限公司、贵州省城乡规划设计研究院、安顺市建筑设计院、四川省城乡建设研究院、四川省村镇建设发展中心、昆明理工大学设计研究院有限公司、云南省设计院集团有限公司、云南省城乡规划设计研究院等单位的大力支持。此外，过程中得到了西南多地政府部门、示范地村集体与村民的支持和帮助，在此不能一一尽述。谨致谢忱！

目录

CONTENTS

第 1 章　横断山区民族村寨空间特征概况

横断山区主要指我国川西、滇西北以及藏东一系列南北走向山脉分布的区域，岭谷高差悬殊，地貌类型多样，地质灾害多发。该地区主要属于建筑气候Ⅴ区（温和地区），气候垂直变化明显，干热河谷生态系统广布，少部分属于Ⅵ C区（寒冷地区）。

横断山区内世居民族众多，有汉、藏、彝、纳西、怒、傈僳、独龙、普米、白、羌、德昂、佤、布朗等多个民族。普遍于深切河谷中择有限的适宜空间营村建寨，整体呈现“大杂居，小聚居，局部散居”的格局，融合互动却风格各异。

第 2 章　村寨选址与体系优化

2.1　村寨选址

2.1.1　安全性

横断山区村寨选址安全性主要考虑复杂的自然地理、立体的气候环境和频发的地质灾害，村寨选址应遵循以下要求：

- 尽可能避开地质断裂带。避免岩石破碎造成的滑坡和崩塌、活动断裂带频繁的地震活动和地面塌陷等隐患，减少地质灾害对聚落的影响。
- 应考虑山区地形对村寨用地范围、规模、形态的影响。包括地面起伏度、地面坡度、地面切割度等，地形地貌选择应有利于聚落建设和生产生活组织。
- 考虑江河湖泊等水文条件对聚落的影响。村寨选址要确保水源安全以及小气候调节、环境净化、景观塑造等要求。
- 应根据资源环境承载能力以及国土空间开发适应性，考虑工程地质条件，并对建设用地选择和项目合理分布进行科学分析，保证建筑安全性。

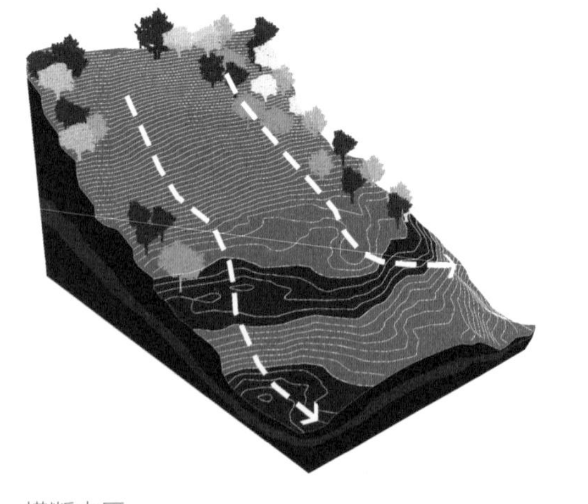

横断山区

横断山区地域辽阔，地形地貌、水文、气象等自然环境条件十分复杂，区内发育一系列南北走向的平行山脉和河流，具有突出的纵向岭谷地貌，地势上西北高东南低，具有山高谷深、相对高差大的地势特征。山间盆地、湖泊众多，古冰川侵蚀与堆积地貌广布，且因现代冰川作用发育、重力地貌作用，崩塌、滑坡和泥石流等山地灾害屡见，是我国崩塌、滑坡、泥石流等山地灾害频发且危害最为严重的区域之一。

2.1.2 生态性

村寨选址生态性应避免对横断山区脆弱生态系统的破坏，考虑风险性生态要素和资源性生态要素对村寨选址的影响，并遵循以下要求：

- 严格避开直接影响区域生态安全的空间，如生态敏感区、环境敏感区、自然保护地、生态保护红线等。
- 保护横断山区生物多样性特征，遵循生态保护相关法律法规和当地民族传统文化，科学划定村寨范围，避免生态环境破碎化。
- 对周边的原生植被进行保留和保护，避免对原有生态环境造成影响。

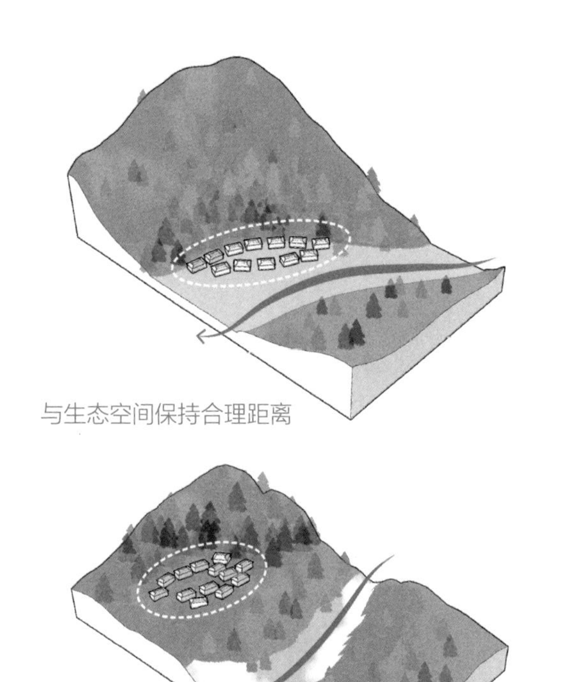

与生态空间保持合理距离

村寨沿河流、山谷、交通线或为避免洪水淹没而沿高地呈条带状分布，聚落伴水而生，依山而建，与自然环境无缝衔接。

保护周边原生植被

受高山峡谷地形和闭塞的交通条件影响，有的村寨分布相对独立呈组团状，民居院落布局选择相对平缓的开阔地带集中成片，形成分台地集中布局建设的村落形态，且保留村落周边的原生植被。

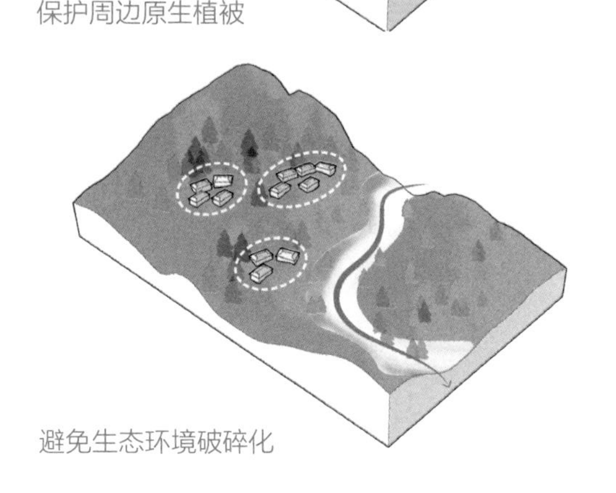

避免生态环境破碎化

村寨于地形陡峭的坡地自由分散，村落住宅零星分布，局部地区开垦种地，形成民居和耕地分散布局的形态，体现出对地形环境的适应性，也最大限度地避免了生态环境破碎化的情况。

2.1.3 经济性

村寨选址经济性应考虑村寨土地资源节约、空间布局合理及适应农业生产，并遵循以下要求：

- 布局合理紧凑，实现土地集约节约利用，空间布局符合民族村寨选址特征。
- 考虑村寨人口、交通、制度等因素对村寨整体布局产生的作用，保障生产生活基本需求。
- 选择物资丰富、气候适宜的地带建设村寨，营建符合当地生产生活特征的农业空间，利于村寨长远发展。
- 考虑村寨对外交通的便利性，靠近公路、河流等优选位置，确保与外界的联系和连接。

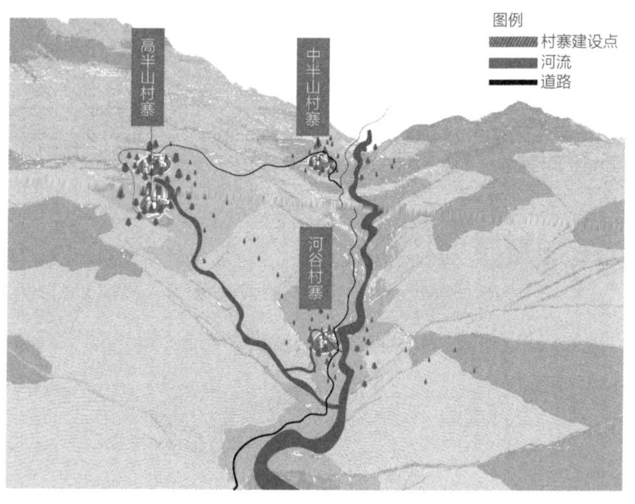

村寨选址

2.1.4 村寨文化景观

村寨文化景观的延续应考虑横断山区丰富的多民族文化特征，保持各民族村寨既有文化景观类型，并应遵循以下要求：

- 延续山地民族传统村寨的山地环境景观特征，以及垂直分异的空间利用对村寨生产生活的重要作用。
- 尊重以民族文化为基础的村寨格局，保护并传承少数民族的自然山水观，保证村寨内部及周边景观要素的完整性和原真性。
- 强调村寨空间对地形、气候的适宜性营造，包括传统活动空间等文化景观的延续。

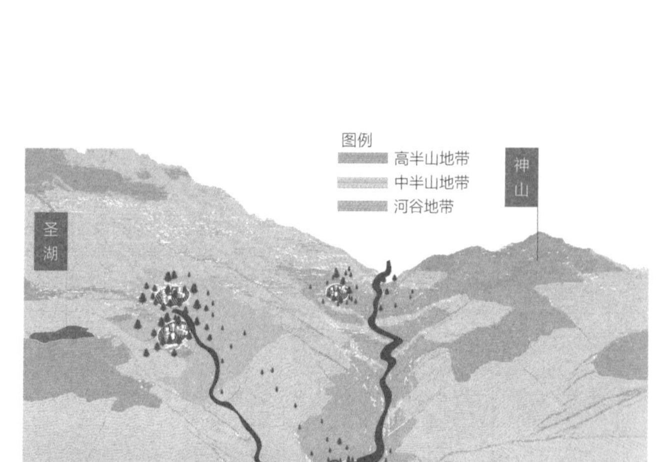

延续村寨传统文化景观

2.1.5 牧区村寨

牧区村寨的选址和建设应结合经济发展、民族文化传承和生态保护，在产业结构、民居形式以及风俗习惯等方面集中体现游牧民族经济社会发展和文化的特点，并遵循以下要求：

- 村寨选址应考虑山、水、风、土、人、景、林等要素，选择靠近水源充足的位置，民居建设应以适应特殊地理位置和高寒气候环境影响为导向。
- 结合地形地貌特征构建聚落整体空间格局，建筑布局和院落形式体现牧区居民点灵活多变的风格。
- 完善村寨公共活动空间，连接精神空间与物质空间场所，满足牧民日常活动和文化活动。
- 应保障牧区生态环境，促进生态修复建设，保护地域性历史文化特征和民族特色。

2.1.6 灾害防治

横断山区地貌类型复杂多样，在自然地质风化、重力、地表径流等作用的影响下，水土条件较差，植被分布不均，极易受到泥石流、滑坡、崩塌等地质灾害的威胁。村寨综合灾害防治应遵循以下要求：

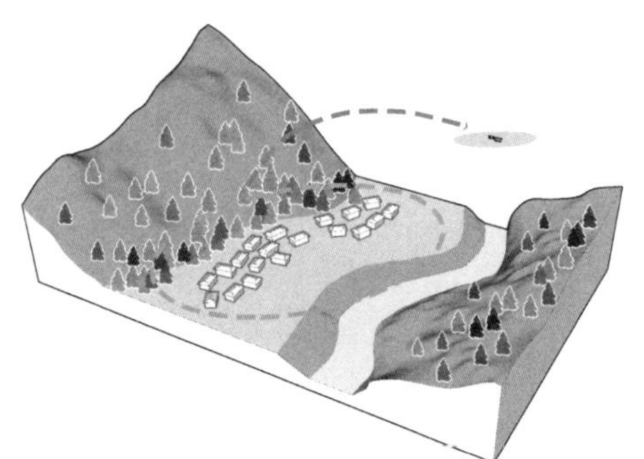
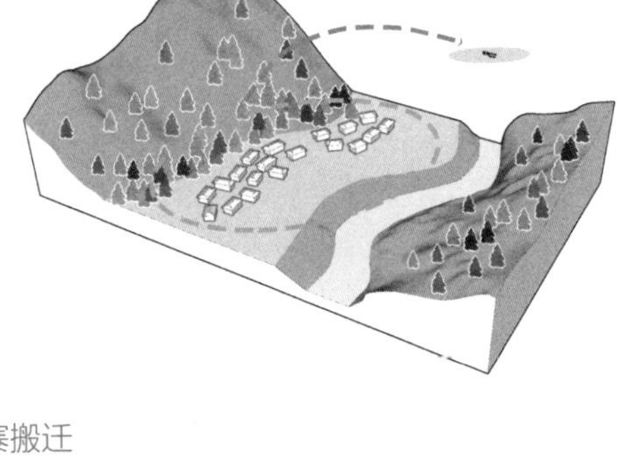

村寨搬迁

- 勘测地震断裂带的位置，对位于地震频发区或易发区的村寨考虑整体搬迁，来规避风险。
- 降低崩塌过程中落石带来的灾害，考虑在山坡脚或半坡上设置拦截构筑物，如落实槽、拦石网等。
- 对泥石流等地质灾害频发的山体，考虑设置拦挡坝，减少泥石流的影响范围。
- 做好防洪措施，在受洪涝威胁的村寨外围修建排洪沟，拦截山洪并将洪水引入附近河流水系。
- 加强村寨防灾与应急管理体系建设，保障村民的生命财产安全。

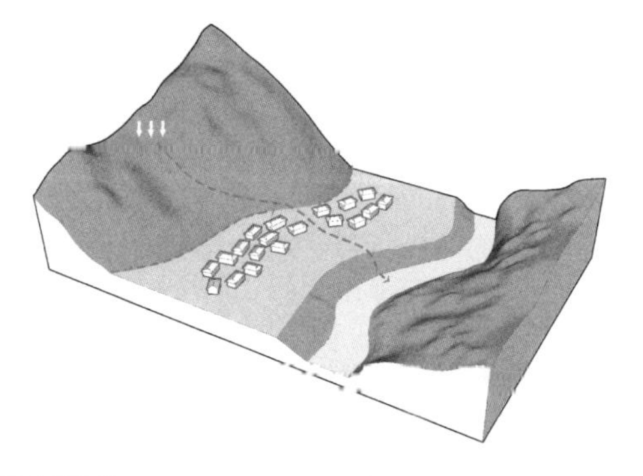

增设排洪沟

结合横断山区自然灾害、地形地貌、自然生态和社会经济进行综合评价，构建适用于横断山区村寨的建设用地适宜性评价体系。横断山区的地质灾害包含断裂、崩塌、滑坡、塌陷、地震、洪水自然灾害因素；地形地貌包含地面坡度、相对高差、地面坡向等因素；自然生态包含植被覆盖率、土壤质量、江河湖渠及动物、植物、微生物所形成的生态复合体。

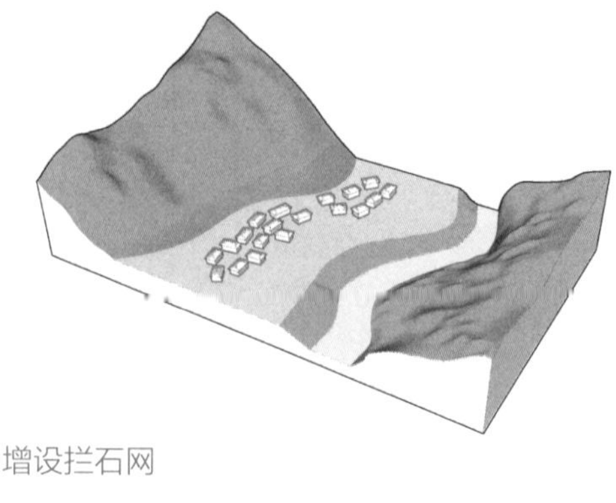

增设拦石网

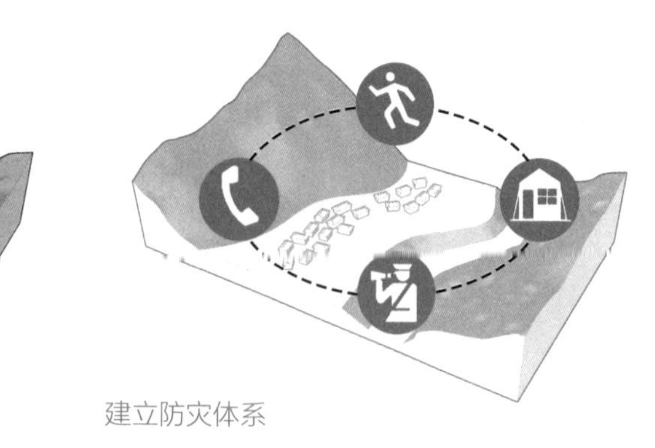

建立防灾体系

2.2 村寨分类及发展策略

根据横断山区复杂的地形地貌复杂和垂直气候特征，以及村寨选址和未来的发展，将村寨分为集聚提升类、特色保护类和搬迁撤并类三类，并提出相应发展策略：

- 集聚提升类村寨可以结合村落发展现状，整合村寨土地、人口资源，通过人居环境及产业发展等方面的提升，实现可持续发展。
- 特色保护类村寨通过运用村寨独特的自然与文化特色，统筹保护、利用和发展，发展乡村旅游和特色产业，实现村民增收。
- 搬迁撤并类村寨可通过整村搬迁、撤并合村等形式，重新寻求村寨发展路径。

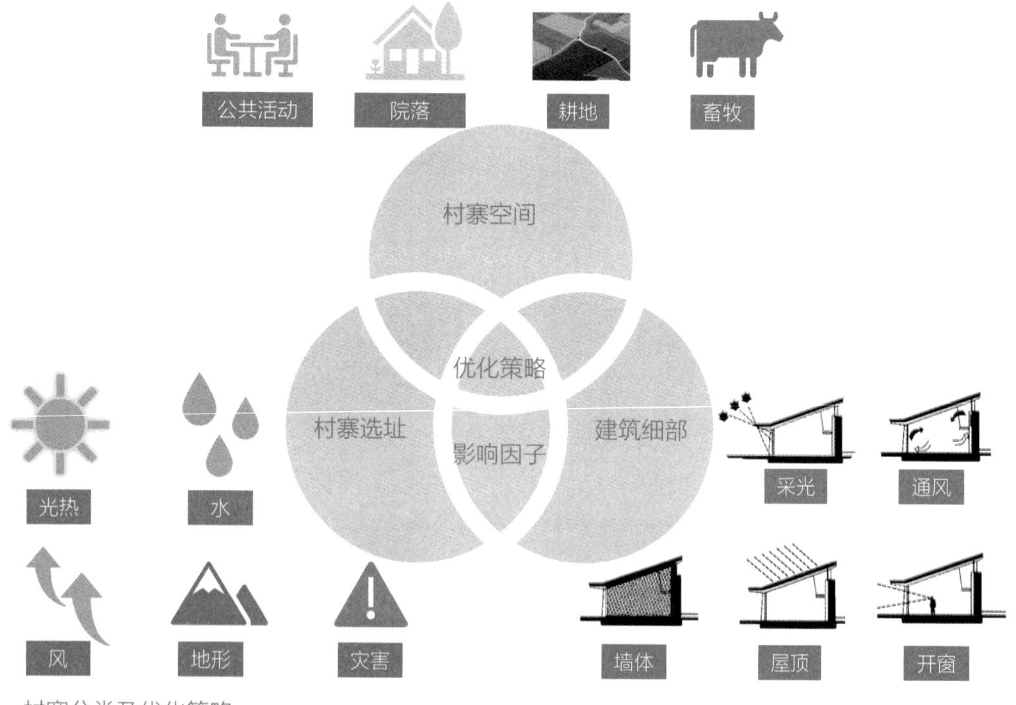

村寨分类及优化策略

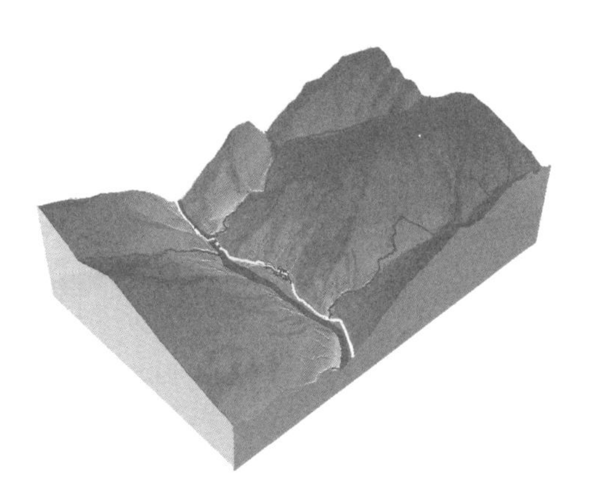

河谷区村寨分布

河谷区村寨位于河流沿岸地势相对平坦的台地上，可利用的自然资源相对比较丰富，农耕较为发达；大多靠近交通干线或支线，对生产生活产生极大的便利。

山区村寨分布

山区村寨大多位于河谷抬升地段的半山坡地或开阔地，背靠山林，田地环绕于聚落四周，村寨旁或者寨内有自高山流下的河溪穿过，水资源相对充足。这类村寨一般距离主要交通线有一定距离，具有一定的封闭性，适于放牧和种植农作物，形成半农半牧的生产模式。

高寒山区村寨分布

高寒山区村寨一般位于海拔较高、地形起伏较大的高山地区，靠近高山牧场和森林，具有丰富的自然资源；交通相对不便，因此村寨较为封闭，传统生产生活方式保留相对完整。

2.3 聚落体系优化

2.3.1 整体环境

对村寨所处的整体环境应进行保护，包括对山、水、林、田、湖、草、村等要素的识别、分类保护及优化，并遵循下列原则：

- 对村寨所有的集体林，或具有信仰意义的神山圣湖应保护其生态和文化价值，并制定相关村规民约。
- 对村寨农田应强化监管力度，严禁侵占耕地红线，遵循自然农法进行轮耕套种，保证粮食安全。
- 对有人为活动的生态空间合理划定缓冲区及生态廊道，避免过度人为干扰，同时借助良好的自然环境提高村寨的人居环境品质。

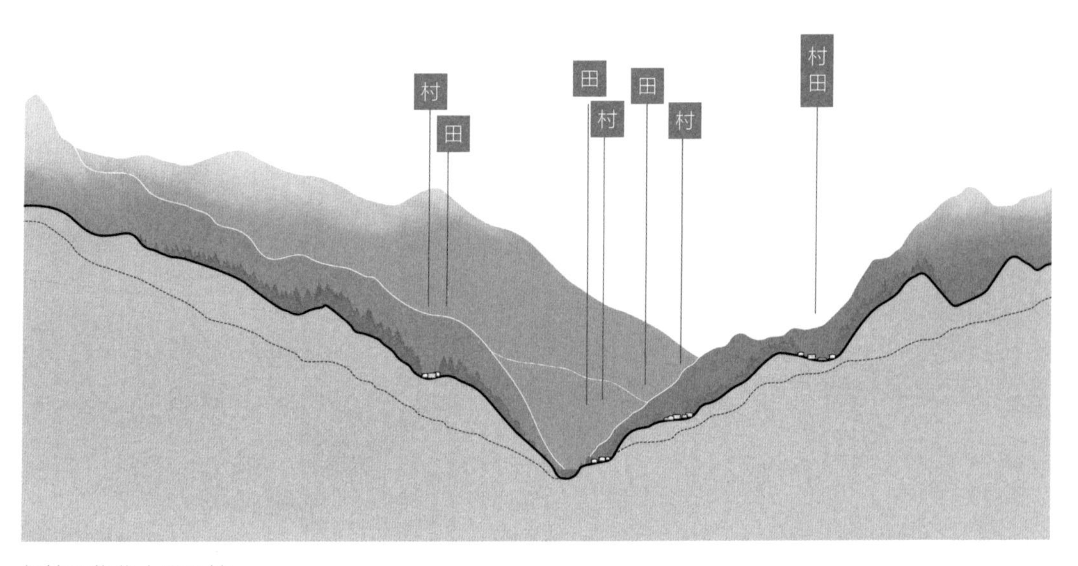

保护及优化人民环境

2.3.2 道路交通

村寨道路交通应依托村寨所处区位和地形条件，根据当地社会经济发展情况进行交通体系优化，并遵循以下原则：

- 处于交通干线周边的村寨，应发挥其区位优势，巩固交通路网建设，加强与城镇的交通联系。
- 处于远离交通干线的村寨，应在既有县道、乡道的基础上优化通村道路，提高与外界道路交通的衔接性，积极融入区域发展。
- 村域路网应统筹设计，综合考虑地质灾害、居民点分布、产业结构等因素，使村域道路与当地实际相结合。

- 道路交通应与农业生产相结合，保证交通设施的覆盖程度以及通达性要求。
- 道路建设应与村寨环境协调，考虑沿线土地、水体、植被以及建筑等景观，对有潜在危险的道路设置交通安全设施。

2.3.3 基础设施

村寨基础设施应进行分级配置，形成村域范围整体覆盖，优化基础设施服务功能，优化村寨现代服务水平：

- 建设生态类基础设施，如排污净水设施、农田水利设施，营造良好的村寨生态环境，扩大清洁能源的使用，构建资源节约型村寨。
- 重视村寨现有资源，在尊重现状基础设施供给的基础上协调好基础设施各子系统之间的关系。

2.3.4 公共服务设施

对村寨公共服务设施应合理确定设施服务范围，调整设施布局，以适应村寨发展要求：

- 整合现有服务设施，按照“填平补齐”的原则，因地制宜推动公共服务设施改扩建，完善服务能力。
- 加强服务设施后期管理和维护，避免设施闲置废弃，确保资源有效利用。

2.3.5 文化景观

处于不同地理位置和文化环境的村寨应充分运用本土文化、特色景观等优势发展特色化服务设施，体现村寨多元化特点：

- 通过结合村寨物质空间、研习教育等方式，建设大众喜闻乐见的服务设施，对优秀传统文化和特色景观进行保护和传承。
- 了解村民的建设需求和积极性，确定重点建设任务，并建立项目建成管护机制。
- 结合村寨历史文化、遗产景观、自然资源等优势，连接重要节点，构建村寨文化景观体系，提高村民文化自信的同时发展特色旅游产业，促进村寨可持续发展。

第 3 章　生态保护与农业景观

3.1　生态环境保护

3.1.1　生态环境建设

基于人地关系的严峻矛盾，建立生态安全格局，开展生态环境保护和修复，以此对村寨提出合理的保护和发展要求，并遵循以下原则：

- 以自然保护地为主体确立生态保护区时，以保护种源为主，将生态功能重要、生态环境脆弱以及其他有必要严格保护的各类自然保护地纳入生态保护红线管控范围。
- 以山地环境特征为载体确立生态敏感区时，考虑森林、水资源、土壤等内容，增强生态环境监管力度，发挥山地生态系统的多元服务功能。
- 划定建设控制地带要以地质灾害、人类活动、村落发展等为依据，进行用地适宜性、山地功能价值判断，综合因子叠加分析后获取建设用地的最终边界。
- 加强横断山区干热河各地区脆弱生态环境的修复与保育工程，包括植被恢复与水土流失综合治理、特色高效生态产业、土地综合整治以及生态文明乡村建设等。

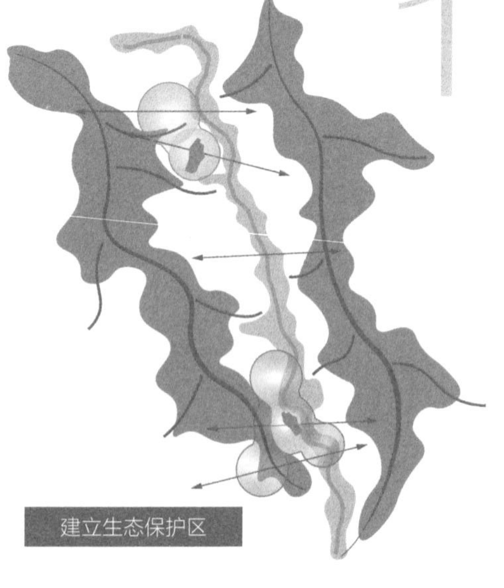

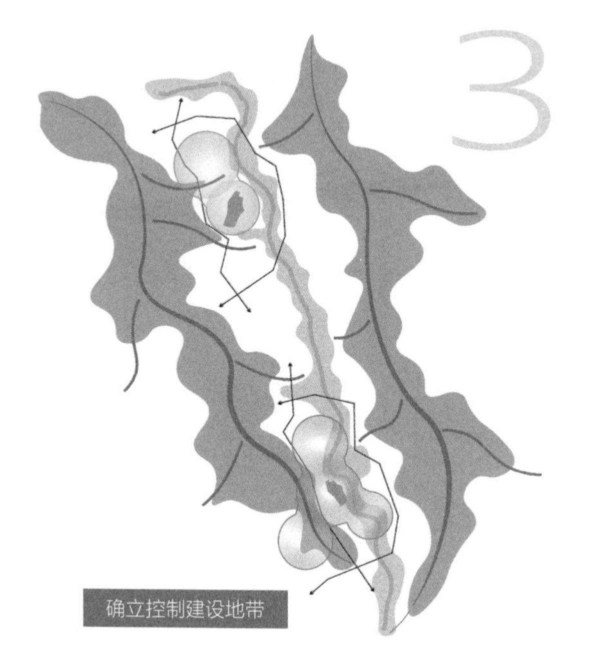

生态安全是指人类在生产、生活和健康等方面不受生态破坏和环境污染等影响的保障制度，包括饮用水与食物安全、空气质量与绿色环境等要素。生态安全研究主要包括生态系统健康诊断、区域生态风险分析、景观安全格局，生态安全监测、预警、管理和保障等方面。

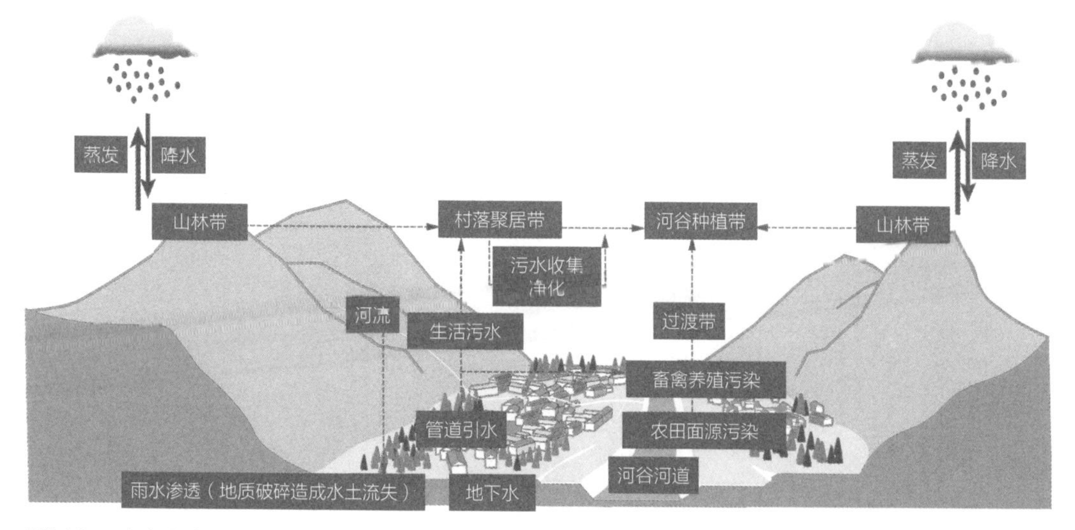

横断山区生态安全

3.1.2 生态系统保育

重点协调人与生物圈的相互关系，实施天然林保护、退耕退牧还林还草，改善杉、松为主的人工纯林，提高区域内林草植被质量，加强水土保持能力，维系自然资源的可持续利用与永续维护。

3.1.3 环境污染防治

按照农业循环经济的发展思路，将污染治理与发展有机农业相结合，综合乡村地区生态建设和环境治理统筹考虑，应遵循以下原则：

- 针对生活污水问题，结合沼气池处理技术、土地渗滤处理技术、太阳能和风能微动力技术和人工湿地处理系统，达到污水处理和净化目的。
- 针对垃圾问题，应进行分类、填埋、堆肥、垃圾发酵和焚烧等相关技术处理，做到垃圾迅速收集，并进行无害化处理，最后合理利用。
- 针对畜禽粪便问题，控制畜禽饲养环境，防止畜禽粪尿及冲洗水流失；对畜禽粪尿进行资源化、无害化处理，将其转化为生产生活资源。

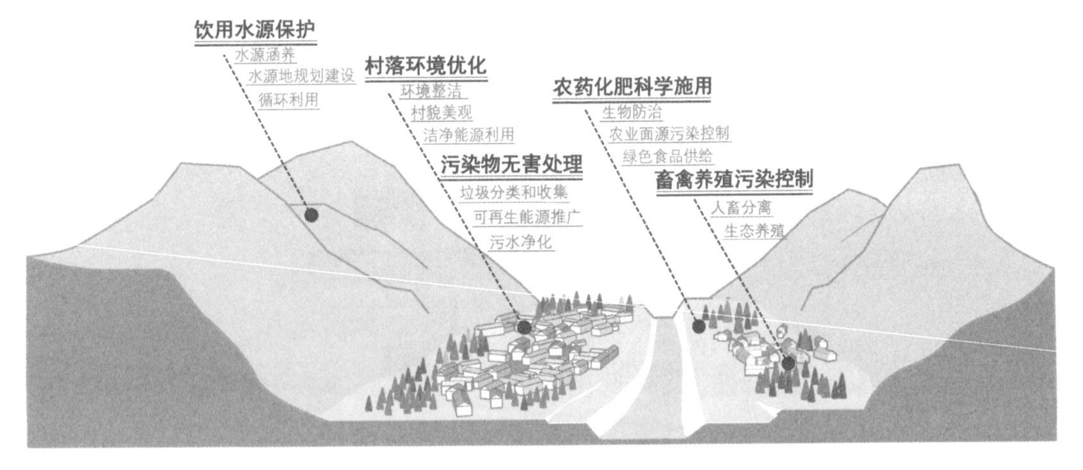

环境污染防治

3.2 传承农业景观

3.2.1 生物多样性农业系统

建立横断山区生物多样性农业系统，紧密联系农田、山林、牧场、村庄道路、乡村聚落及农业服务设施等农业生产服务景观斑块。营造多样性特色农业景观，应实施以下措施：

- 开展农田恢复，提高农田生态质量。利用经过适当加工（如生物降解）的有机物和动物粪便产生用于作物生产的原料。建立农田轮作种植制度，让种植作物多样化，保障粮食安全。

农业种植区

- 丰富农作物种类，提高农业景观多样性。维持小规模农业发展模式，建立混合作物模式，改善现有农业景观单一性的格局。

牧场放牧区

- 以本土植物为主，进行景观营造。植物受气候影响比较大，不同植物对于环境的需求也不同。因此，在农业景观的营造中，应尽量选择本土植物。

森林保护区

3.2.2 农业景观建设与保护

农业景观保护应从不同地形和海拔的景观特征差异考虑，保护耕地红线，发挥农田的多种生态系统服务功能。结合乡土植物和地形对农业景观进行营造，合理发展农业景观旅游，提高其经济附加值。农业景观建设应遵循以下原则：

- 以农业元素为主，表达农业特色、信息和韵味，供村民休闲活动之用，体现以人为本，满足观光需求。
- 保护核心作物和乡土植物，保持传统作物和乡土植物优势，运用现代化种植技术和产业融合手段，提高农业生产和产业创新水平。根据不同海拔和地形，适宜生长的作物对气候变化的感知和对环境的适应性不同，应合理安排作物种植品种、规模及农事历，维持作物产量和粮食安全，增加农民收入。
- 遵循植物本身的生态习性，进行良好生产体系的合理营造，为各种植物、作物建立和谐关系，确保可以为各种有机物建立良好生态关系，保障植物、作物茁壮成长，使其在分布、造型和色彩方面实现有效统一，满足作物产量的同时也可以满足游客的观光需求。

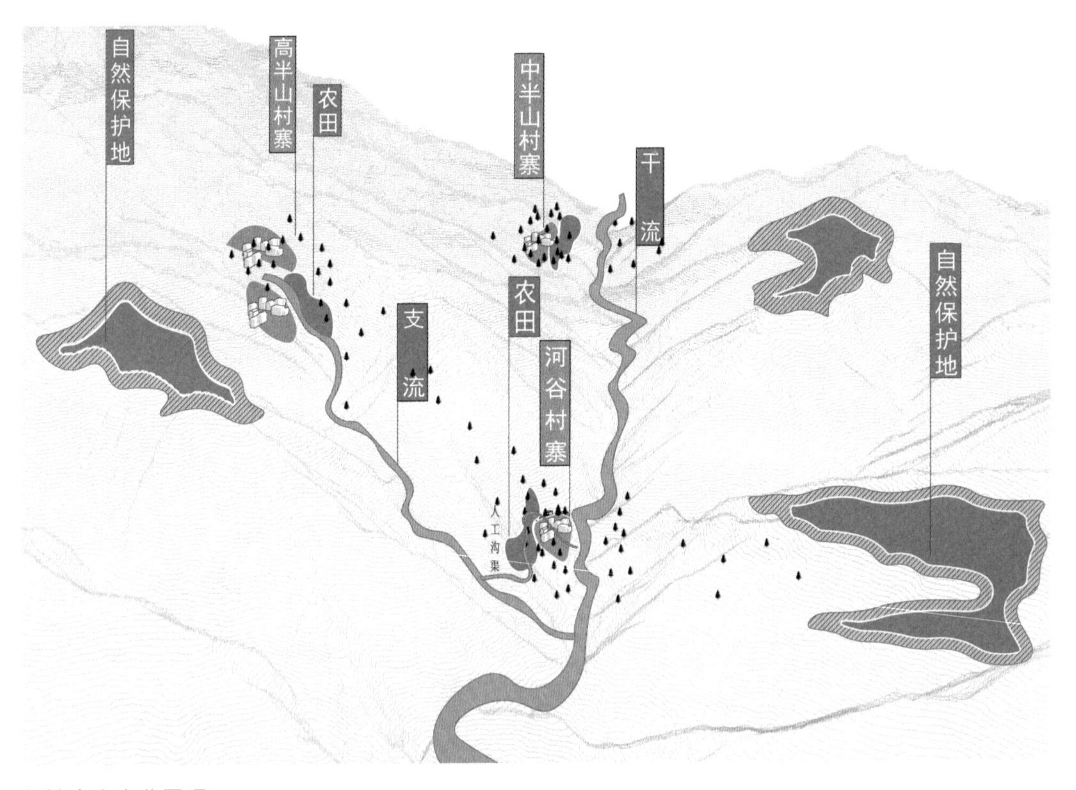

保护乡土农业景观

3.2.3 保护核心作物和乡土植物

保持传统作物和乡土植物优势，运用现代化种植技术和产业融合手段，提高农业生产和产业创新水平：

- 根据不同海拔和地形，适宜生长的作物对气候变化的感知和对环境的适应性不同，应合理安排作物种植品种、规模；维持作物产量和粮食安全，增加农民收入。
- 乡土植物体现出对环境的高度适应性，包括各类瓜果蔬菜和灌草乔木，应发挥其在村寨环境和院落空间中绿化环境、提供农副产品和延续村寨记忆的功能。

3600以上（m）
3400
3200
3000
2800
2600
2400
2200
2000
1800
1600
青稞
玉米
葡萄

核心作物

青稞作为研究区域主要的作物，在不同海拔均有成规模的种植，但由于气候条件的差异，不同海拔地区青稞种植的成熟期也有所差别。玉米对土壤要求不是很严格，因此在横断山区也有较为广泛的种植。河谷区相较于其他海拔地区适宜种植葡萄，而且横断山区已有村寨大规模种植并形成品牌效应。除此之外，有的地区也根据当地条件和发展水平种植中药材来增加经济收入。

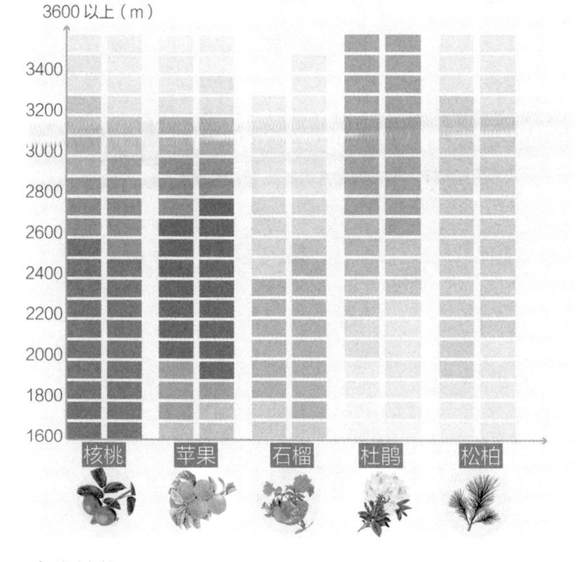

乡土植物

乡土植物是指在没有人为影响的条件下，经过长期物种选择与演替后，对特定地区生态环境具有高度适应性的自然植物区系的总称。在温暖的河谷和相对温和的山区有较为丰富的乡土植物，比如核桃、苹果、石榴等瓜果，而高寒山区相对寒冷的气候条件，使得植物种类不如前两者丰富，以具有绿化、水土保持等作用的树种为主，如松柏。

3.2.4 保护传统农业文化

保护山地不同民族传统农业文化，遵从自然规律，延续传统农牧事历，传承当地民俗活动和地域文化，促进农业生物多样性、农业生产系统、传统知识与技术体系、独特的生态与文化景观发展。

延续传统的生计方式，保持村寨从森林生态系统获取食物、药物、木材等生存资源的依赖性，传承传统农牧事业，保护和发展村落独特的农业文化。

运用传统知识，预测和预防可能出现的极端天气现象，将潜在的灾害风险降到最低。落实村集体对森林的保护机制，保护传统生计载体。

尊重各民族村寨的文化信仰，保护非物质文化遗产，开展参与式活动，传承独特且丰富的民族文化，增强文化自信和文化认知。

延续农事文化

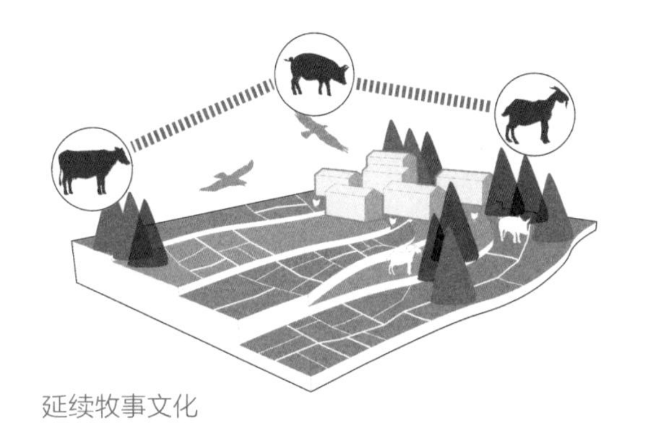

延续牧事文化

传承地域信仰与仪式

传统农牧活动受地理环境、极端气候、自然灾害等因素影响较大，半农半牧方式的延续和生产活动的创新有助于农牧事文化的传承。立体的海拔环境、多样气候和复杂的生态系统，造就了当地生态文化的多样性，其中就包括传统仪式和地域信仰。

3.2.5 生计模式多样化

促进生计模式多样化，运用传统知识积极探索符合实际的环境改造活动，传统的采集、农耕、放牧活动也要适应新发展，探索新途径。

农业种植结合现代化技术提高作物质量和产量，不仅能帮助农民增收，也能做出品牌效应。

乡土立体农业景观不仅能体现“绿水青山”的理念，也能为当地吸引不少游客，结合传统手工艺等特色，促进旅游业的发展。

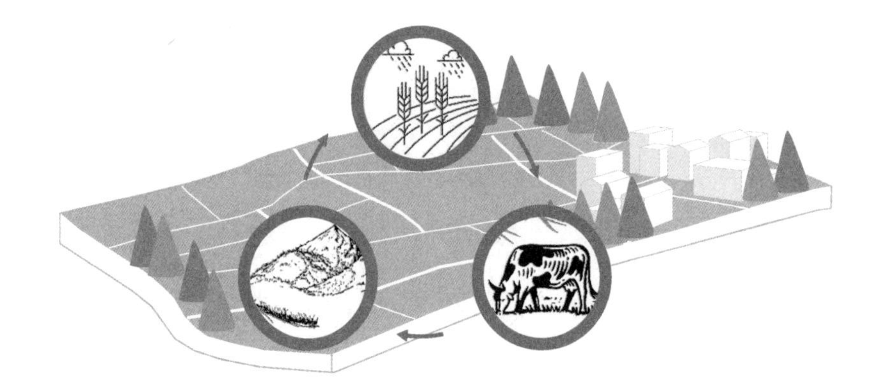

延续传统生计

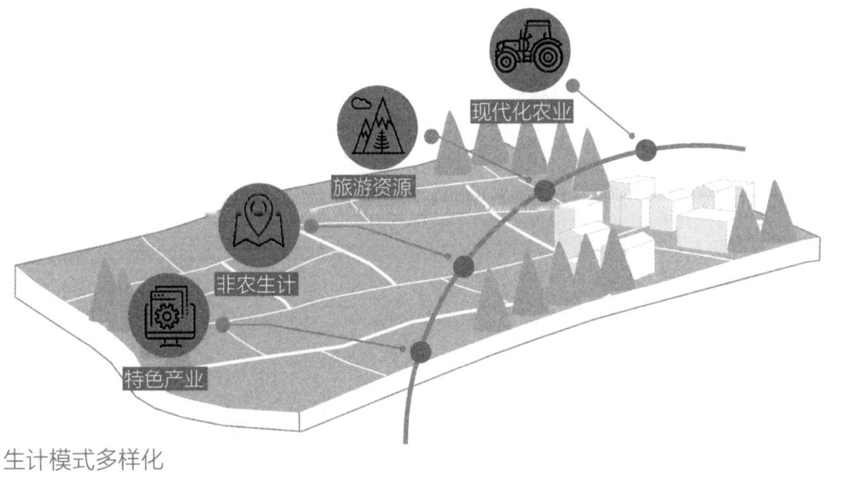

生计模式多样化

第 4 章　村寨形态与空间格局

4.1　村寨布局

横断山区山高谷深的地貌特征明显，各族人民合理利用和改造地形环境，最终形成独具特色的山地村寨景观。村寨布局应遵循以下几点原则：

- 营造垂直立体景观：利用地形高差种植不同种类的乡土植物，营造层次丰富的景观效果，同时缓解水土流失，实现功能和美观的良好结合。
- 合理选择地形处理方式：将原本高差较大的坡地处理为可利用的台地，确保挡土墙安全稳定，不发生倾斜。坡度相对较缓的区域，可以采用护坡与挡土墙等相结合的处理方式，在坡面种植乡土植物，保证景观效果最佳。
- 灵活选用建筑接地关系：为适应山地坡陡的地貌环境，应因地制宜选择千脚落地、局部下挖等不同的接地形态及处理方式，减少对山体地形的改变。
- 考虑坡面稳定，利于排水：在坡面处理过程中应充分考虑结构稳定性及排水功能，避免因不能及时排水造成的下层积聚、道路积水和滑坡，确保安全性。
- 完善沟渠系统，提升引水、蓄水功能：应对横断山区常年缺水的情况，合理规划设置管道、沟渠，将高山融水引入村寨，并修建蓄水设施保障村民用水需求。

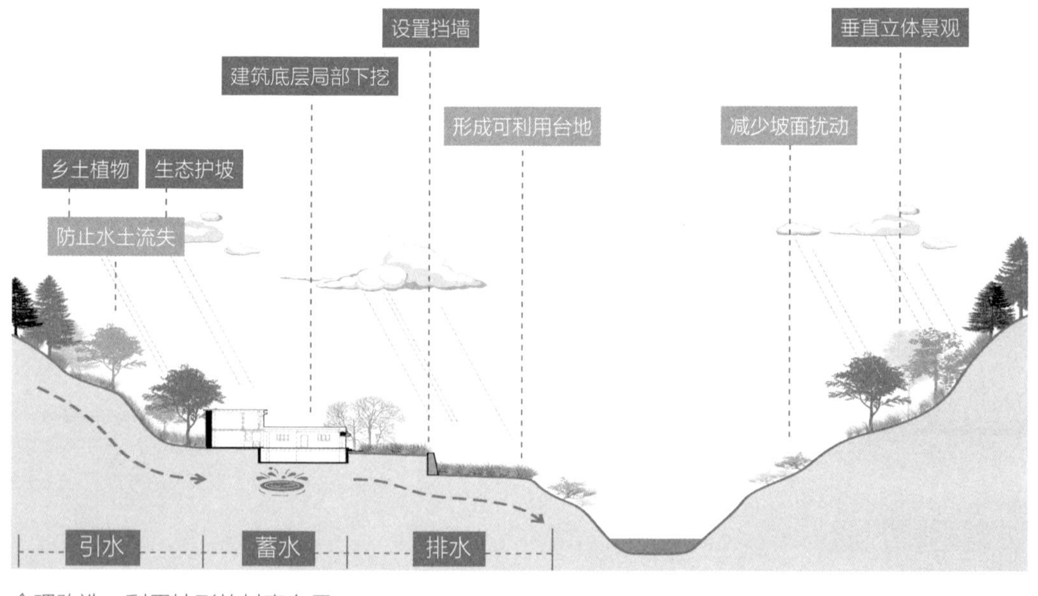

合理改造、利用地形的村寨布局

4.2 明确村寨建设边界

村寨建设边界划定应遵循以下几点原则：

- 村寨建设边界的划定严禁占用永久基本农田和生态保护红线。严格控制占用永久基本农田储备区、粮食生产功能区和重要农产品生产保护区等。应避让地质灾害隐患点和现状坑塘、沟渠等不适宜建设区。

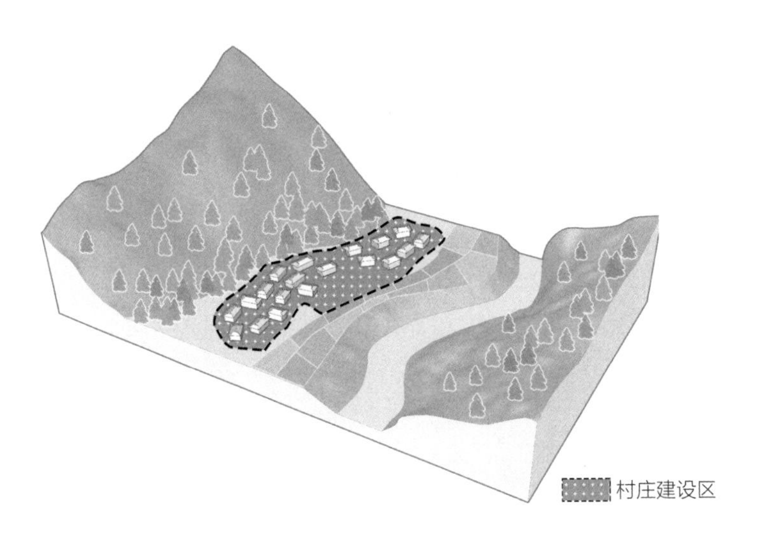

村庄适宜建设区

- 充分考虑当地村寨自然形态和居民生活习惯，结合村寨实际用地条件、集中居住和发展需要，控制集中、连续的村庄建设边界，引导分散居民点就近集中。

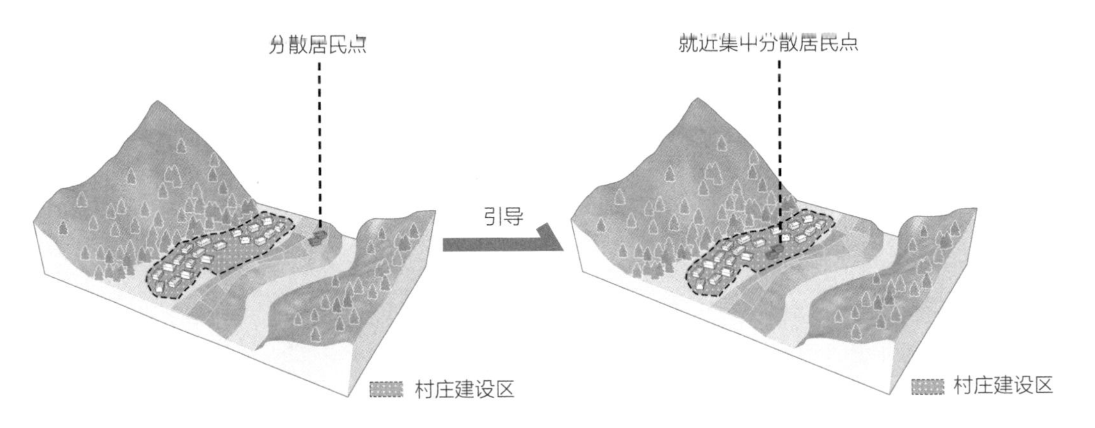

分散居民点不划入村寨建设边界内　　　　引导分散居民点在建设边界内集中居住

- 特色保护类、集聚提升类，城郊融合类村寨在现状规模基础上，依据发展需求、人口规模预测，重大项目和设施建设等可在村寨建设边界内合理预留发展空间。

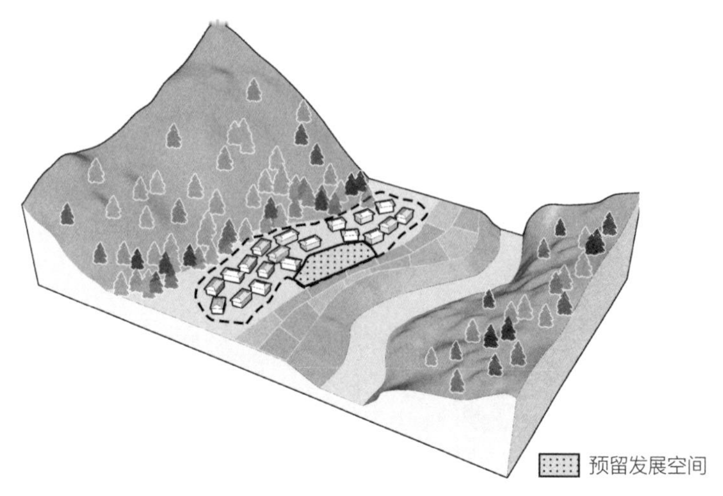

合理预留空间拓展区域

划定村寨建设边界的核心原则是生态优先，结合横断山区自然灾害、地形地貌、自然生态和社会经济进行综合评价，构建适用于横断山区村庄的建设用地适宜性评价体系。横断山区的地质灾害包含断裂、崩塌、滑坡、塌陷、地震、洪水等。

生物多样性

区域内包括动物、植物、微生物所形成的生态复合体

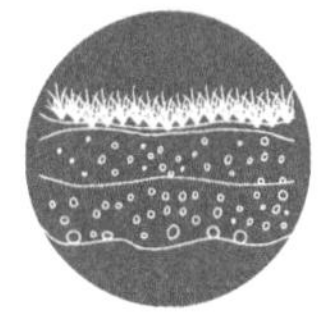

土壤质量

土壤在生态系统中保持生物的生产力、维持环境质量的能力

植被覆盖率

森林面积占土地总面积的比值

生态敏感度

生态系统对人类活动反应的敏感程度

横断山区自然生态

4.3 传统肌理保护

横断山区地势复杂，建筑建造依山就势，村寨的传统肌理保护应注重保护、优化周边区域以及内部的空间格局，同时根据实际情况保护村寨的历史文化建筑，加强植被复育及现有植被保护，维护传统村寨肌理。

整体性保护

功能构成

空间格局

从宏观上把握聚落传统肌理，进行整体性保护。结合横断区地域特征，以主干水系为脉络，以区域山体景观、林田空间、乡村聚落微空间为支撑，注重对聚落内部空间格局、功能构成、建筑风格、景观系统等的保护。

优化村寨内部空间结构，加强对传统建筑的保护与利用。通过对聚落内现有建筑进行建筑质量评价，确定保护、修缮、拆除的建筑。

传统建筑保护

屋顶

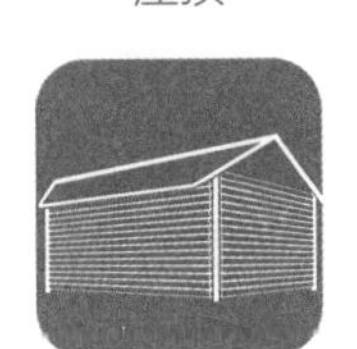

墙体

保护村寨内生态景观环境，建设应结合地形，依山就势，尽量不破坏原有山体的自然形态，保护聚落内乔木、灌木、草本植物等多层次的竖向空间关系，禁止砍伐、随意破坏、移栽整个村寨内的植物，通过维持生态景观环境结合建筑空间，共同保持传统聚落的肌理。

生态景观保护

组合

禁止随意砍伐

4.4 用地功能优化提升

4.4.1 适宜等级划分

依据现状用地评价确定土地资源的建设适宜等级，划分禁建区、限建区和适建区三层控制约束范围。择建村地段，应保证地址的安全性，并应符合下列要求：

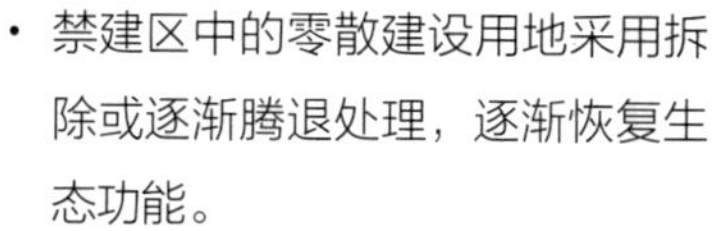

- 禁建区中的零散建设用地采用拆除或逐渐腾退处理，逐渐恢复生态功能。
- 限建区与适建区中分散的功能用地应向连片区域逐渐集聚，并应根据产业发展、生计维持等功能需求进行品质提升，同时加强空间特色导引。

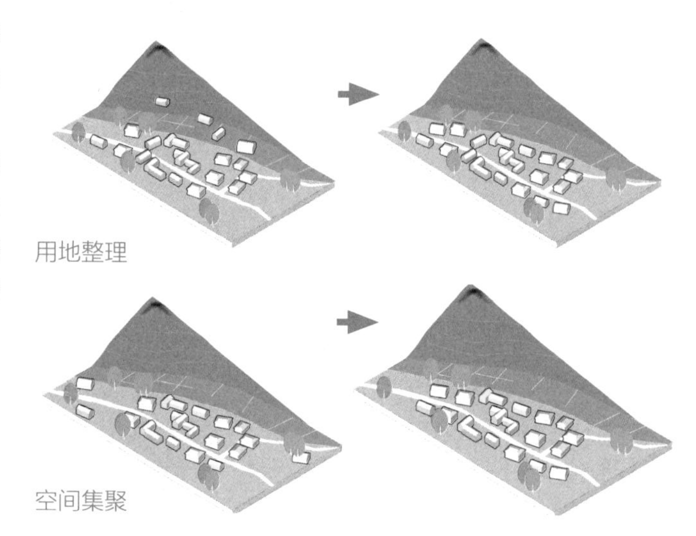

用地整理

空间集聚

4.4.2 三生空间优化提升

利用适宜性评价结果指导用地规划、预定用途以及已建设用地的更新，逐步实现生活空间、生产空间、生态空间的有机均衡，提高空间使用的高效性与便捷性。

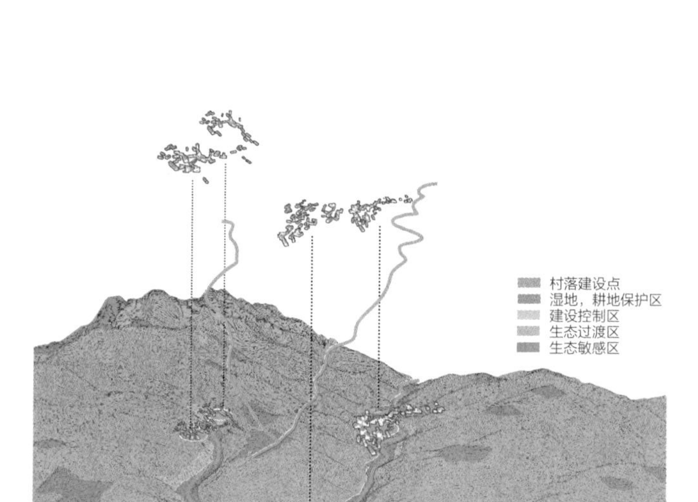

三生空间优化

4.4.3 明确用地管控

优化传统村寨文化遗产保护区，进一步明确建设控制地带以及环境协调区用地管控：

- 基于文物保护安全、景观风貌协同、空间格局缓冲的原则，围绕核心保护区，综合考虑道路、水系、山体等自然地理界线，划定建设控制地带。重点保护传统村寨的安全、环境、历史风貌等。
- 环境协调区作为传统村落的联系空间，以保护区域整体自然地形地貌为主，要求达到视野廊道的通畅、建筑一般为3~4层、高度宜控制在12m以下。

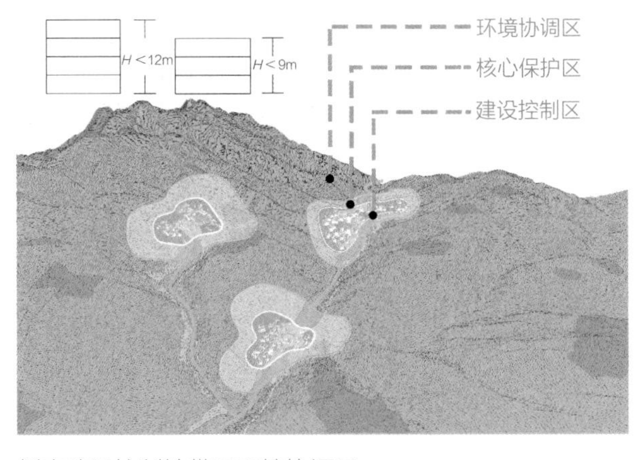

划定建设控制地带及环境协调区

4.4.4 用地功能提升

当现有村寨用地功能已经不能满足村民的生产生活需求时，应根据以下策略对不同类型的用地功能进行优化提升，并提高土地使用效率：

- 生活空间优化应遵循各民族传统生产生活习惯，结合现代使用需要，丰富空间活力以及功能复合。完善公共服务及基础设施建设。
- 生产空间优化应根据地区环境特点，提高耕地质量及复种指数。在生态脆弱区实行轮作休耕，对不宜耕种的坡耕地逐步退耕还林或还牧。
- 生态空间应加强保护、合理放牧，减少树木的砍伐，禁止采摘珍稀植物、捕杀珍稀动物，同时避免自然生态景观旅游的过度开发，开展生态保护。

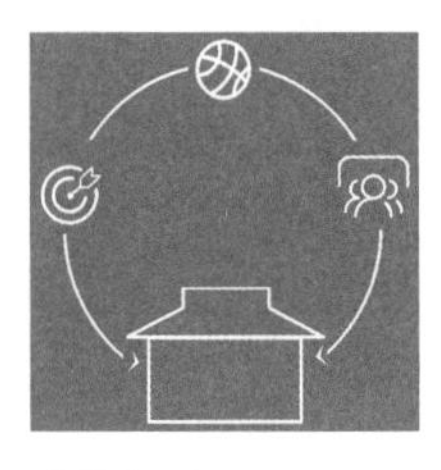

功能复合

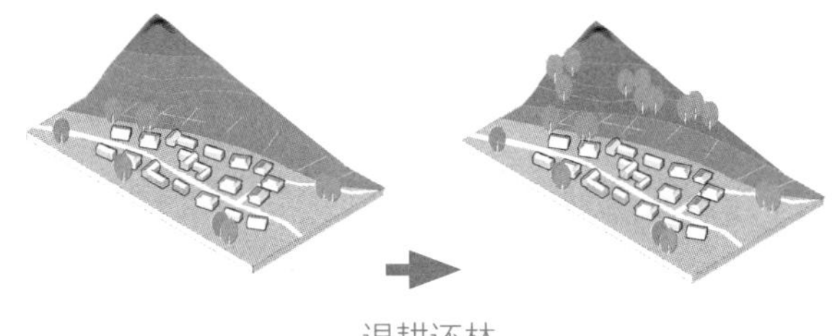

退耕还林

生态保护

4.5 丰富的空间序列及界面

横断山区应注重村寨与山体两者的相互掩映，村寨空间序列各属性空间应统一有序，富有趣味性和节奏感，营造出虚实结合的景观环境。

- 自然山体、水体的保护：在景观营造时应尽量减少对山林水系的破坏，修复被占用、破坏的山体环境，管控村寨的建设区域，维持“山水田村”的空间格局。

保护自然山体、水体

- 合理的视线通廊：控制重要视觉吸引点、标志物和观景点，确保连贯、一致的空间感受，严格控制视廊内的建筑高度，增强文化建筑的识别性和视觉中心感。

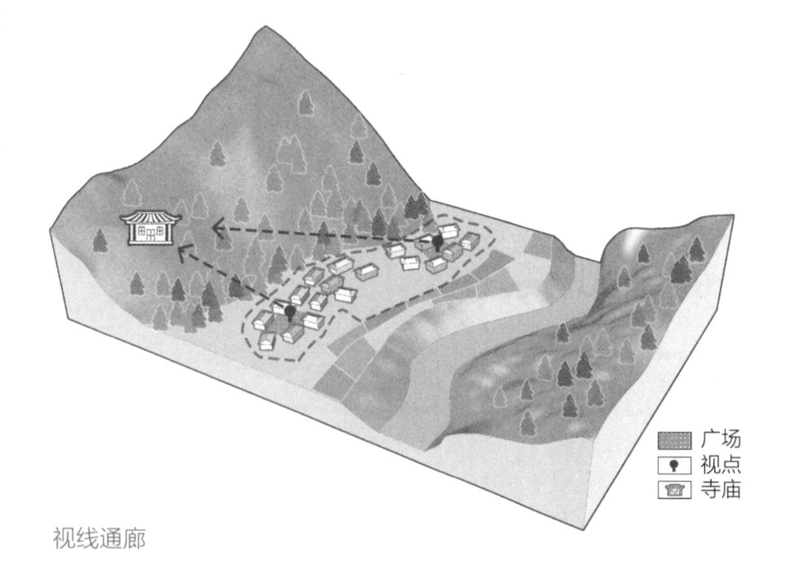

视线通廊

· 合理的界面形态：运用山地原有高差，营造丰富的景观层次，通过塑造地域特色鲜明的建筑界面、历史空间格局相对完整的村寨空间及错落有致的建筑屋面、垂直立体的景观环境以及尺度宜人的街巷空间，营造结构简明、层次丰富的空间景观形态。

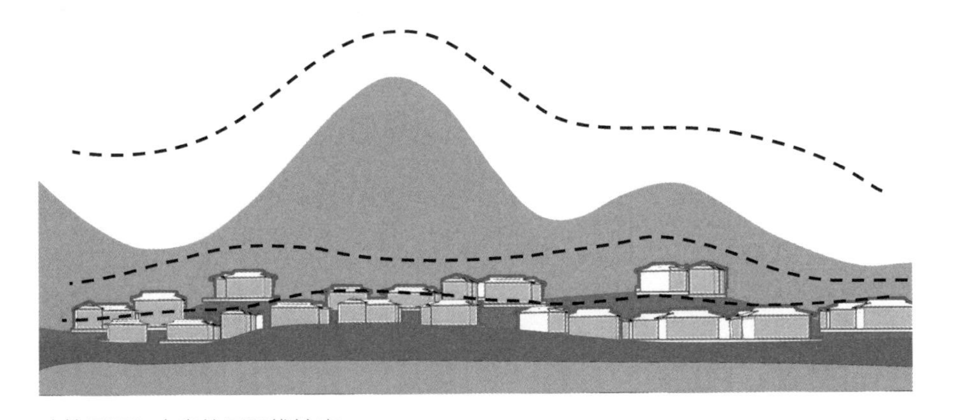

建筑界面和丰富的天际线轮廓

· 合理的空间格局与建筑高度控制：对于具有历史文化价值的村寨，应保护其原有空间格局，建筑高度控制由历史地段向两侧逐步升高。

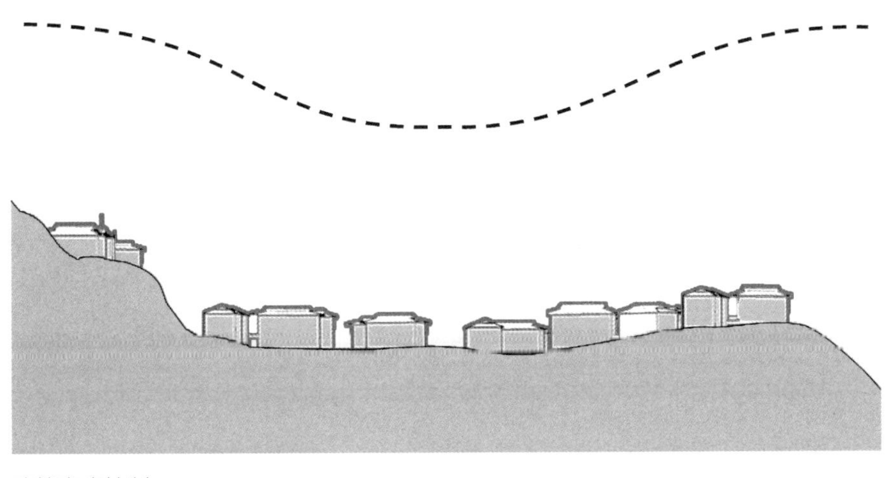

建筑高度控制

第 5 章　公共空间与景观

5.1　公共空间优化

5.1.1　公共空间塑造

村寨公共空间的塑造应考虑到传统活动和当代活动的需求，并符合下列要求：

- 公共应该满足村民的基本需求，通过广场、集市、寺庙等公共空间来提升公共生活品质。
- 公共空间应充分展示当地的社会文化，并根据村落形态特征进行布置。

5.1.2　公共空间分类

横断山区村寨公共空间可分为日常性活动空间和选择性活动空间两类：

- 日常性活动空间包括商业活动、行政事务等空间，应满足村民日常购买活动以及参与行政事务等功能。
- 选择性活动空间是满足村民精神活动的空间，包括民俗节庆活动、喜丧事举办等空间，应满足村民日常娱乐以及节庆娱乐需求。

选择性活动空间注重传统文化传承，承载着日常聚集、节庆、喜丧习俗等活动功能，如文化活动广场、文化室等。

商业活动空间

行政事务空间

日常活动空间

节庆活动空间

5.1.3 公共空间优化

公共空间的优化目的以提升村民幸福度、增强便捷性、兼顾弱势群体需求为主，应符合下列要求：

- 尊重居民的使用习惯，保持和创造小尺度空间，满足居民生活需求。
- 营造使人们可以自由参与其中的公共空间，使自身的行为与环境有机结合。
- 完善村寨中交流集会场所，如活动广场等，丰富村民文化生活。
- 应关注弱势群体，如新增儿童户外活动场所，老年人休闲、棋牌、读书、看报空间场所，残疾人的无障碍设计等。

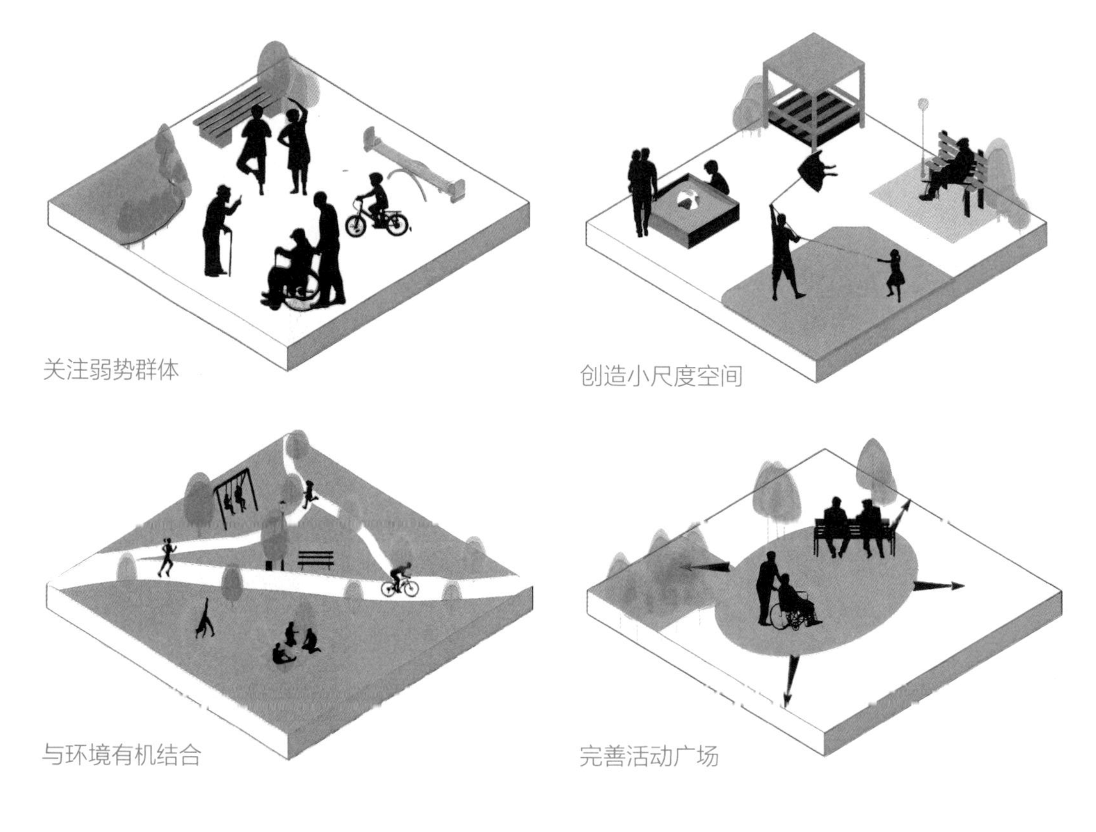

关注弱势群体　创造小尺度空间

与环境有机结合　完善活动广场

5.2 本土化景观营造

5.2.1 营造本土化景观

营造本土化景观应遵循以下几点原则：

- 充分尊重横断山区的气候差异，根据河谷—中半山—高半山等不同的海拔特征设计景观类别。
- 景观营造顺应地形。充分依托横断山区沟谷纵横的地形环境和山林水系等自然要素，选择水土保持和涵养性能较好的植被类型，营造层次丰富的景观环境。
- 景观营造应结合水系。横断山区水系分布不均，从河谷地区至高山区域，水源差异较大，应根据不同的水系资源打造不同的水体景观。

气候差异

顺应地形

结合水系

5.2.2 生态徒步路线

横断山脉山间盆地和湖泊众多，古冰川侵蚀与堆积地貌广布，以自然景观为主，应充分发挥其丰富的自然资源，适当地发展生态徒步路线，丰富村民日常生活。

徒步路线

5.2.3 打造农耕景观

应实现对基本农田的严格保护，在保证作物经济性的同时，考虑发展观光及体验活动，展现本土的农耕景观。

农耕景观

第 6 章　村寨交通体系

6.1　道路系统设计

横断山区地形地貌情况复杂，滑坡、泥石流等灾害频发，村寨交通设计应从防灾、安全、实用等角度出发，道路设计及布局遵循以下原则：

- 村寨道路线形应顺应地形，结合当地水文条件，避开已经发生或者存在安全隐患的地段，择优选择路线设计方案，实现经济适用、通达有效。

顺应地形

- 对道路填挖方的方式进行专业化和合理化设计，最大限度减少对区域生态环境的影响，维持生态系统稳定性。

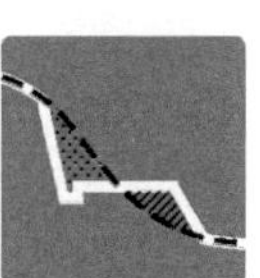
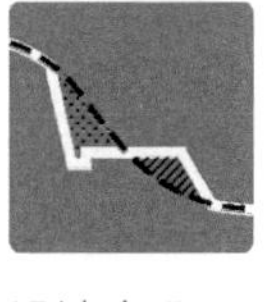

设计合理

- 村寨内部道路应做到灵活使用交通空间，充分利用路旁空闲用地，使其具有临时停车、交往等实用功能。

利用路旁空闲用地

- 横断山区受地形条件限制，一般道路宽度有限，设置单向车道时应重点关注会车及错车空间的预留，提高道路安全性及连续性。

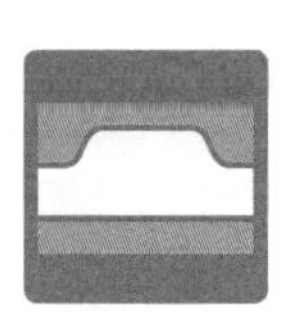

预留错车空间

- 尽量减少对既有景观环境的破坏，营造具有地域特色的道路沿线景观，并保障界面的连续性。

沿线景观营造

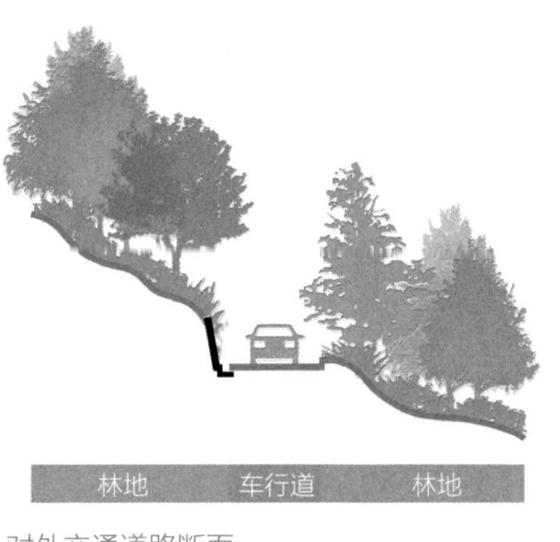

对外交通道路断面

主要道路断面

次要道路断面

机耕路断面

游览道路断面

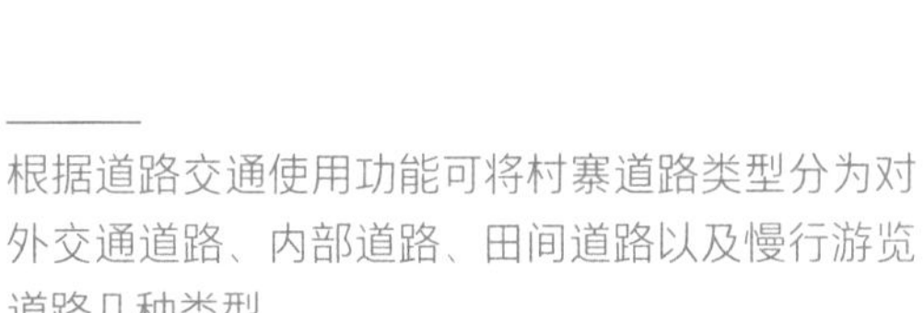

根据道路交通使用功能可将村寨道路类型分为对外交通道路、内部道路、田间道路以及慢行游览道路几种类型。

内部交通以车行与步行道相结合的方式设置。道路宽度应适宜，满足通行要求即可，在一般情况下，分为主要道路、次要道路及非机动车道几种类型。其中主要道路为连接村内各个片区的通车道路，路面宽度宜设置为5～7m；次要道路为村内连接入户的道路，其道路宽度宜为3～5m；非机动车道路为受到地形限制或环境要求而设置的道路，路面宽度一般为2～3m。

6.2 停车场地设置

对应横断山区山高谷深的特征，村寨建设发展条件有限，停车场地应根据实际使用需求充分集约、节约利用场地，灵活设置：

- 停车场地位置选择应因地制宜、灵活布局。主要考虑邻近村寨交通便利的主要路段，以及结合公共活动场地、广场绿地等设置，也可根据实际情况利用闲散土地建设停车场。
- 鼓励“一场多用”的弹性停车空间。充分考虑村民停车以及农用车、农用器械的停放需求，兼作农作物晾晒场、集市、文体活动场地等共同使用。
- 可采取集中与分散相结合的方式布置。当场地条件受限时，可利用主要道路和次要道路沿线闲置空地布置规模适中的小型停车场地。
- 停车场建设应综合考虑生态节能要求。选用透气透水性能俱佳的铺装材料，有规划地种植具有遮阴功能的高大乔木，形成良好的生态环境，减少能源消耗。
- 有条件的村寨应考虑未来旅游发展的需要。针对历史文化或旅游资源丰富以及旅游人口或外来人口较多的村寨，应根据外来人口规模适度增加停车场地。

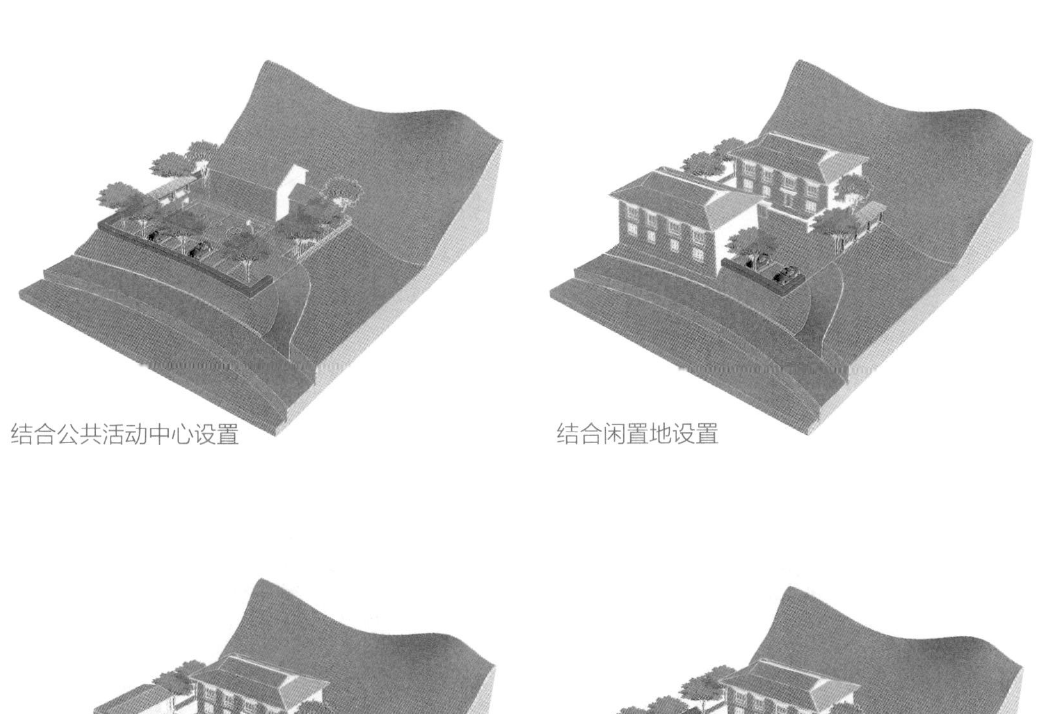

结合公共活动中心设置　　结合闲置地设置

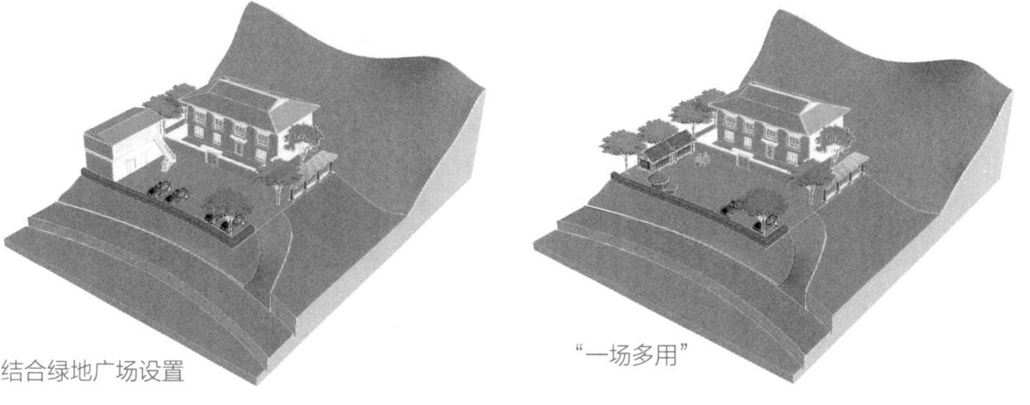

结合绿地广场设置　　“一场多用”

6.3 设施配置

6.3.1 配置原则

横断山区乡村道路在满足基本使用需求的基础上，还应完善标识系统、路灯、护坡、沟渠、绿化等辅助设施，并与道路交通同步设计、同步建设，为通行者安全和高效率通行提供便利。具体配置原则如下：

- 道路标识系统设置应简单清晰。在弯道路段应增加转角镜，在事故频发路段设施路障、减速带以及提示标志、路侧防护栏，减少事故发生。
- 在村寨主要道路和公共活动场地应合理设置路灯照明。采用间距在20～40m的节能路灯，经济条件允许的村寨宜采用太阳能灯具。
- 存在地质灾害风险路段应设置护坡对边坡进行防护、加固。选用生态化方式既能实现边坡表层稳定，又能使破坏的生态环境得到一定修复。
- 制定合适的排水沟尺寸和道路坡度。在降雨量较大的地区可在道路一侧设置明沟，有风貌和安全要求的路段可选用埋管或盖板的方式。
- 发展城乡公共交通，提高居民出行的便利性。鼓励发展智能型、信息化的城乡一体化公共交通系统，沿对外交通道路设置公交站点。

6.3.2 路面设计

道路铺装应满足经济、生态等要求，应因地制宜地选用当地较容易获取的材料：

- 主要道路及次要道路易采用沥青混凝土等作为路面材料。

主次道路

• 以非机动车通行为主的道路，可采用碎石、瓦片等乡土材料铺设。

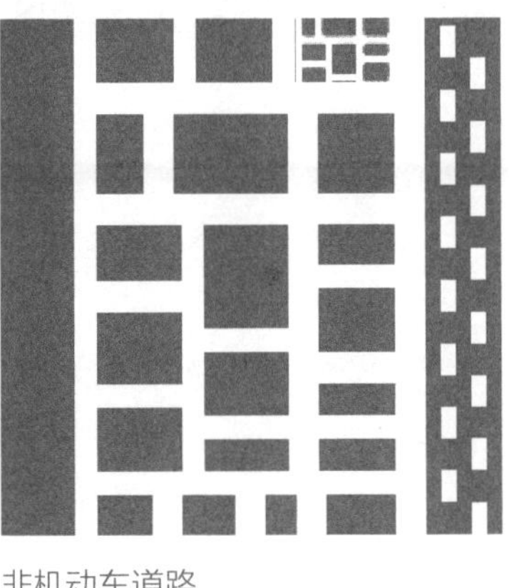

非机动车道路

• 位于游览区内的小路，应注重与周边环境的融合，可选用乡村地区本土常见的砖、石材（如片岩）、废木料等，同时不破坏生态环境。

游览道路

第 7 章　环境卫生设施

7.1　污水处理

生活污水处理应充分结合横断山区地形分类，其中河谷地区地势比较平缓，宜采用氧化塘、人工湿地和土地渗滤等方式进行处理，在村寨地势最低处设置氧化塘，完善雨污分流；山地地区坡度陡且台地众多，自然落差大，污水可利用厌氧塘进行预处理后，垂直流入人工湿地去污；高海拔地区可采用人工湿地、土地渗滤等处理方式。

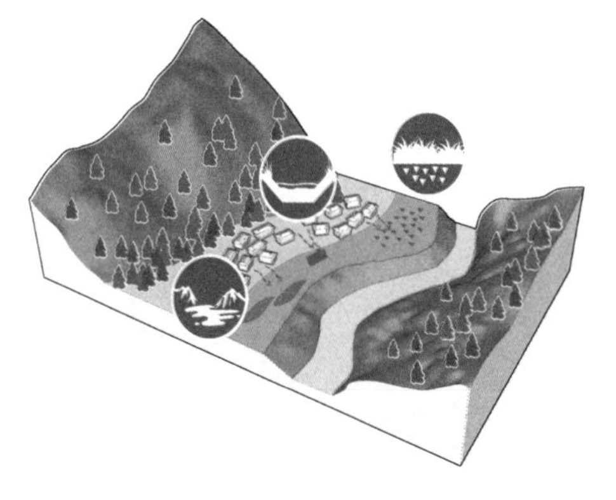

河谷、山地地区考虑地势布置净水设施

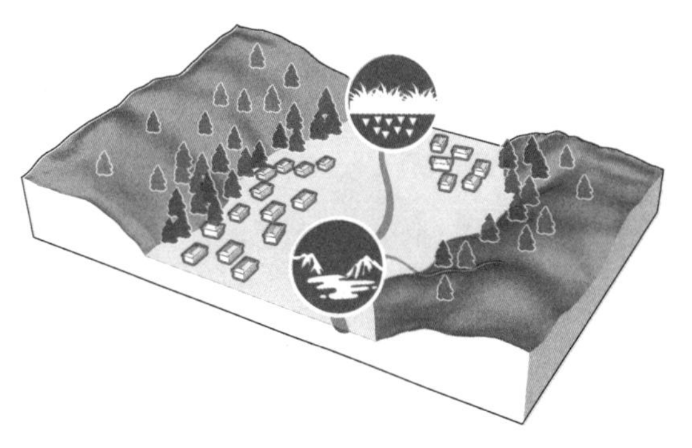

高海拔地区主要采用人工湿地、土地渗滤处理

7.2　生活垃圾处理

生活垃圾严禁采用露天堆放、露天焚烧、投放水体、简易填埋等不规范处理方式。可按以下原则进行处理：

- 应结合横断山区地形，村庄地理区位等，全力推进农村生活垃圾源头分类减量，并建立服务多个村寨的垃圾收集、转运系统，到达一定数量规模后进行集中规范化处理。
- 增设垃圾桶，进行垃圾分类，实现农村可回收垃圾资源化利用。
- 对易腐垃圾和煤渣土，可堆肥处理；对有毒有害垃圾，可单独收集贮存处置；对其他垃圾，可通过收集、转运至垃圾场站进行规范处理；对当地的建筑垃圾，可以用于农村道路、入户路、景观等建设，进行材料再利用。

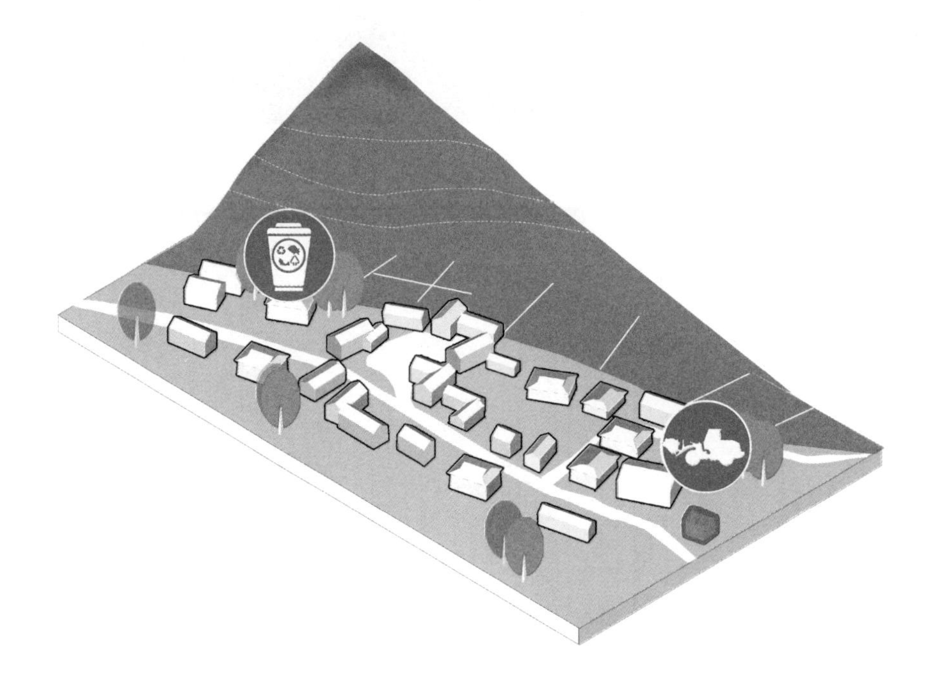

增设垃圾桶，注重垃圾分类处理，生活垃圾运输至当地处理设施集中处理

第 8 章　公共服务设施

对公共服务设施可采取以下方式进行设计和建设：

- 商业设施宜进行小型分散化便捷式布局。布置在交通便利处，同时完善商业设施功能，增设三农超市、农村电商、快递点等便民服务设施。有条件的村庄宜发展与旅游服务相关的商业活动，商业设施的功能在尽可能多样化的同时，应结合其他公共服务设施共同设置；同类型项目应均匀分布，满足村内居民的使用。

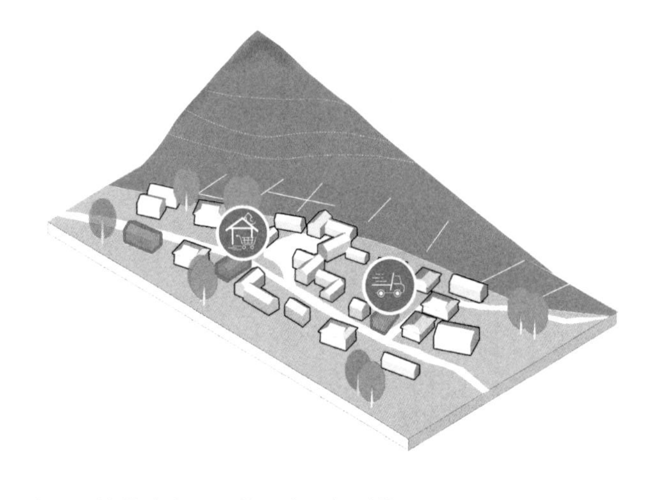

商业设施散点布置，位于交通便利处

- 乡村文化设施宜配合商业设施共同建设。发展本地文化产品，同时文化设施应与日常生活相联系，通过修建文化墙、文化广场等，融合地方文化，体现横断山区少数民族的特征性和代表性。有条件的村庄可以修建展陈村寨历史和民族地域特色的村史馆。

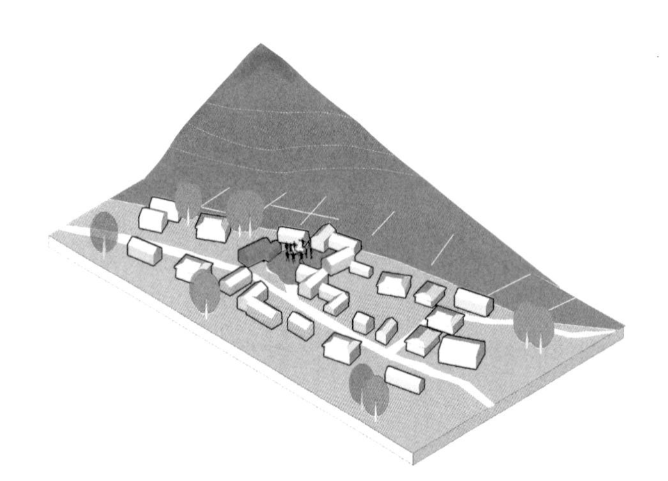

修建文化广场，活动结合日常生产生活

- 充分利用四荒地、闲置地等建设体育设施，横断山区少有平缓地带，篮球场、乒乓球场等可结合村内广场等开敞空间综合建设，同时结合现有公共空间布置健身设施。

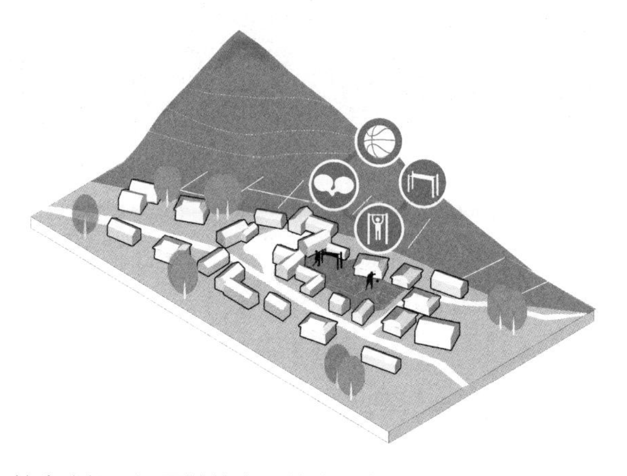

结合广场、闲置地等布置体育设施

- 应在村寨交通便利处建设村卫生室，有条件的也可将闲置公共建筑和闲置住房等设施再利用，改造为医养建筑，促进闲置设施向医疗养老设施体系转换。

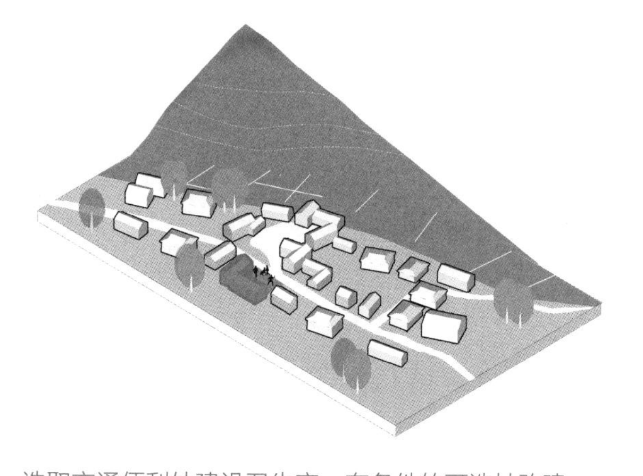

选取交通便利处建设卫生室，有条件的可选址改建

第 9 章　民居与庭院

9.1　民居改造提升策略

9.1.1　建筑空间改善

居民建筑的空间依据其性质，可以分为居住建筑、生产建筑和文化建筑，针对不同类型空间的处理方式如下：

民居建筑

- 民居建筑：通过微环境的改造改善居住环境，并根据河谷—高寒的建筑风貌特征有针对性地进行更新与修缮。针对一些因循传统但宜居性欠佳的室内空间，倡导以现代技术手段渐进更新。

生产建筑

- 生产建筑：包括附属于居住建筑的牲畜圈以及用于农业的建筑等，应保持现有的风貌及结构形式，对建筑材料进行更新，提升耐久性能。

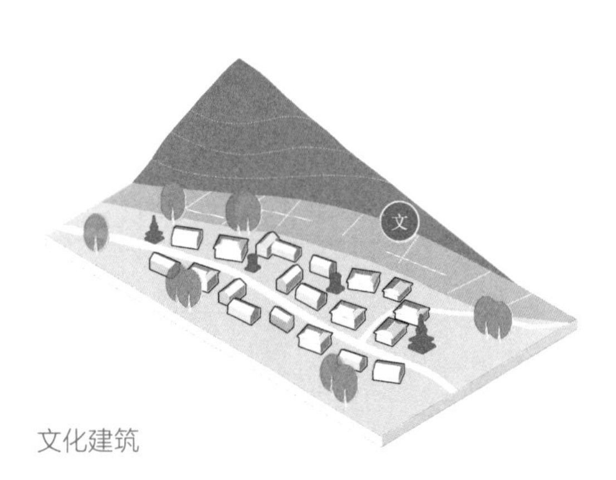

文化建筑

- 文化建筑：应尊重习俗等地方观念，提倡适度节俭原则。

9.1.2 民居风貌引导

村寨整体风貌的协调需对现有建筑以及新建建筑在风貌以及选材上加以控制和引导，在民居的改造提升过程中提出以下改善原则：

- 建筑风貌延续：保护有价值的民居建筑，使其传统风貌不被破坏。新建建筑应对建筑形式、体量、色彩等进行控制，鼓励选用适宜气候环境的新材料与新技术，提高建筑物理性能，同时保持建筑外观延续传统建筑风貌特征。
- 在地性营建：民居改造更新过程中，应尽量沿用本土材料及传统建造工艺，并注重对旧建材的循环利用，同时考虑经济性、实用性以及耐久性。

村庄风貌引导

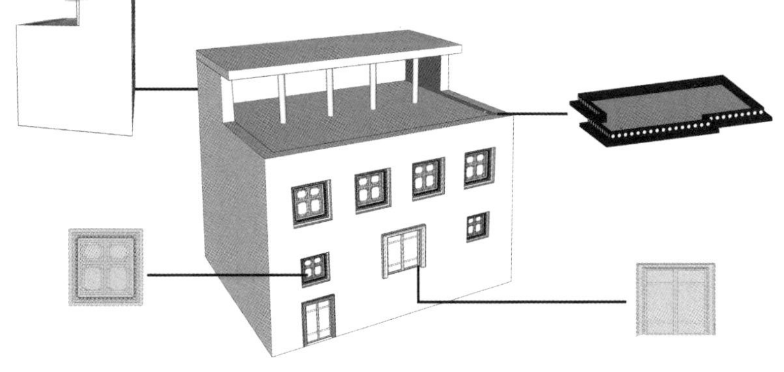

民居风貌引导

9.1.3 民居改善措施

横断山区垂直高差较大，气候和民居形式上存在差异，选取河谷和高寒两个最具代表的地区分别提出以下民居改善措施：

- 河谷地区：由于日照时间长、气温高，在尊重传统民居形式特征的基础之上，可适当增加开窗面积及数量，改善通风效果。
- 高寒地区：应对高寒地区冬季的极端天气，应提升建筑对气候的适应性能。现代夯土技术在力学性能、防水耐久性和成本等方面都优于传统夯筑技术，可增加民居的抗寒、防风以及抗雨雪能力。
- 引入清洁能源，把太阳辐射作为热源直接利用，或将太阳能进行光电、光热转换再利用。

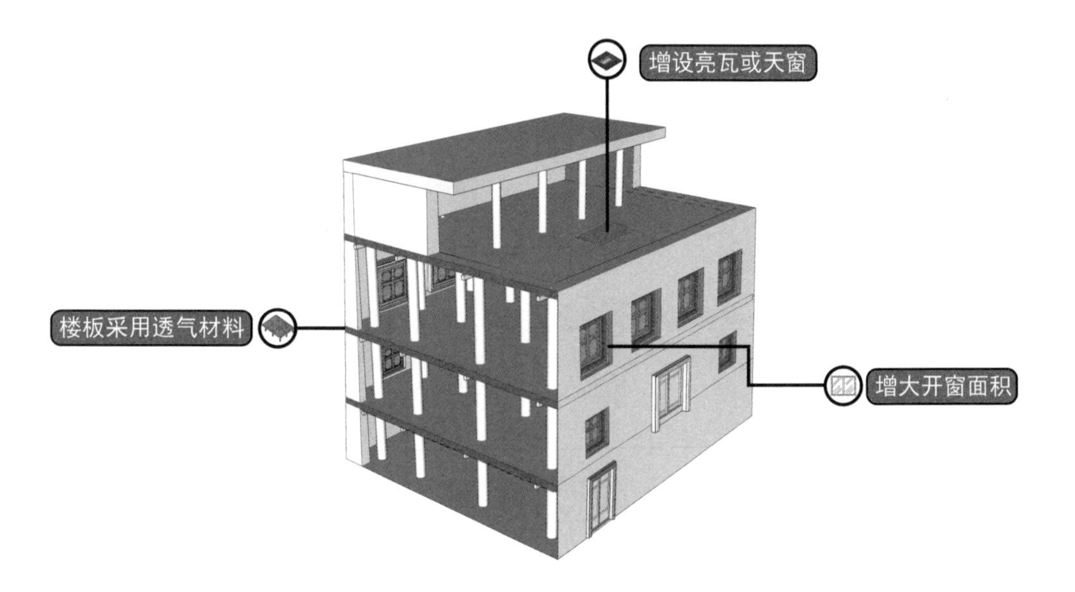

河谷地区民居改善措施

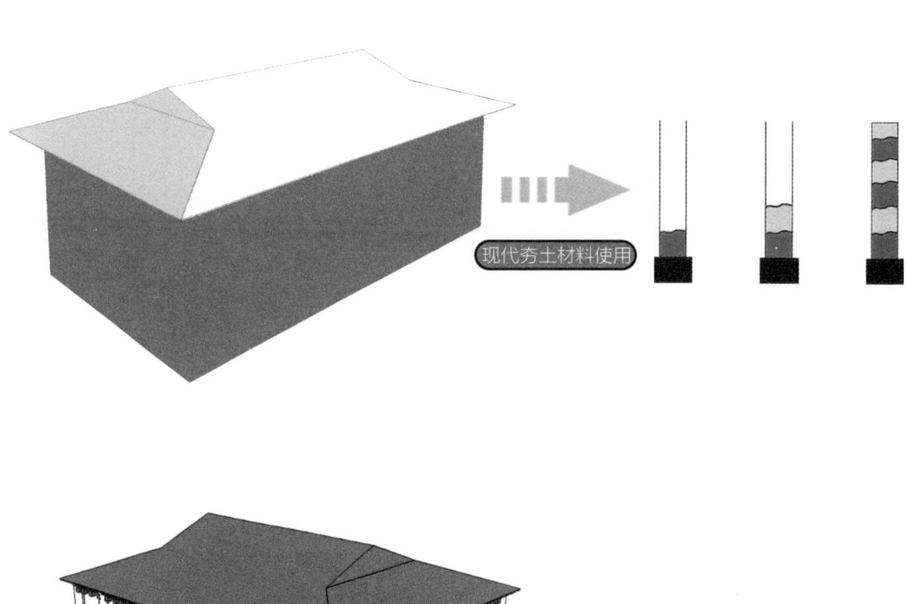

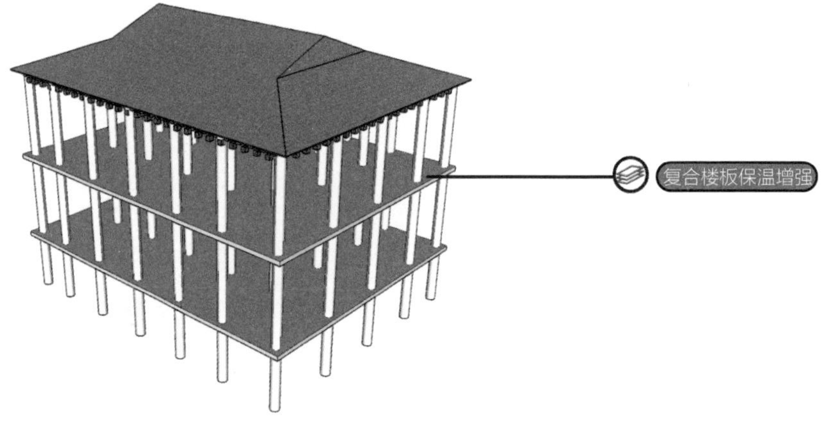

高寒地区民居改善措施——现代材料与保温增强

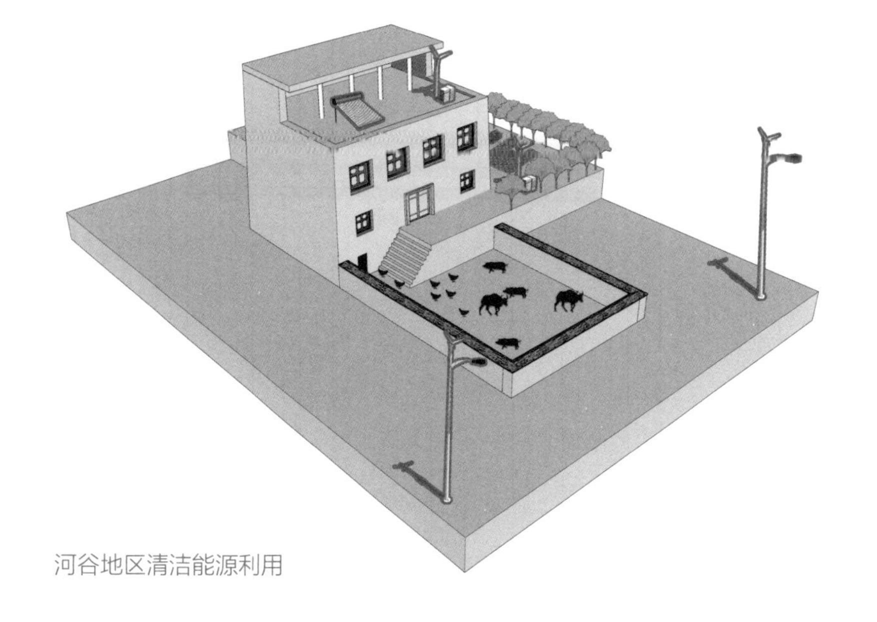

河谷地区清洁能源利用

9.2 庭院功能优化与景观提升

9.2.1 庭院空间优化

庭院空间优化可分如下方面进行：

- 优化庭院功能，丰富居民生活，结合发展传统文化展示及传承空间。
- 推广庭院美化、净化行动，提升庭院景观，发展庭院经济。
- 逐步完成人畜分离，改善环境卫生状况及整体人居环境品质。
- 结合村内排污工程建设，改善庭院卫生条件。

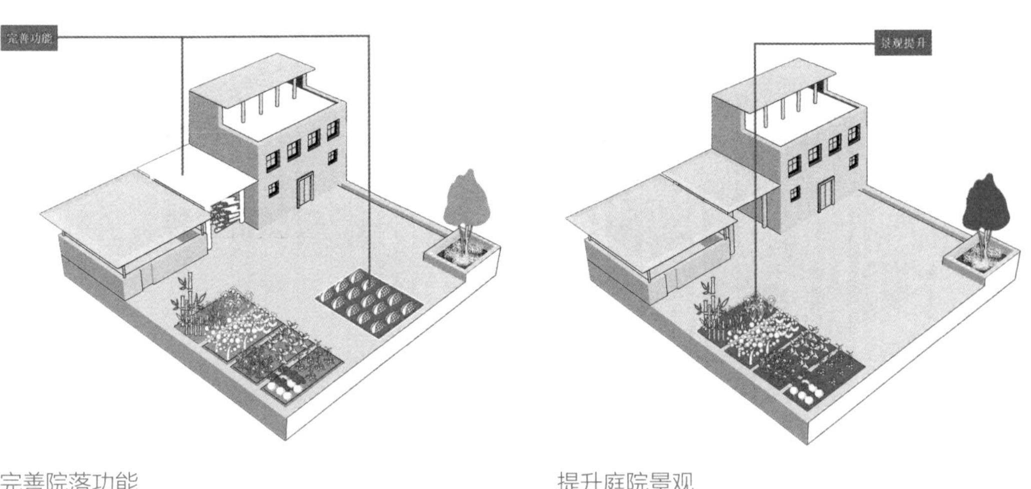

完善院落功能　　　　提升庭院景观

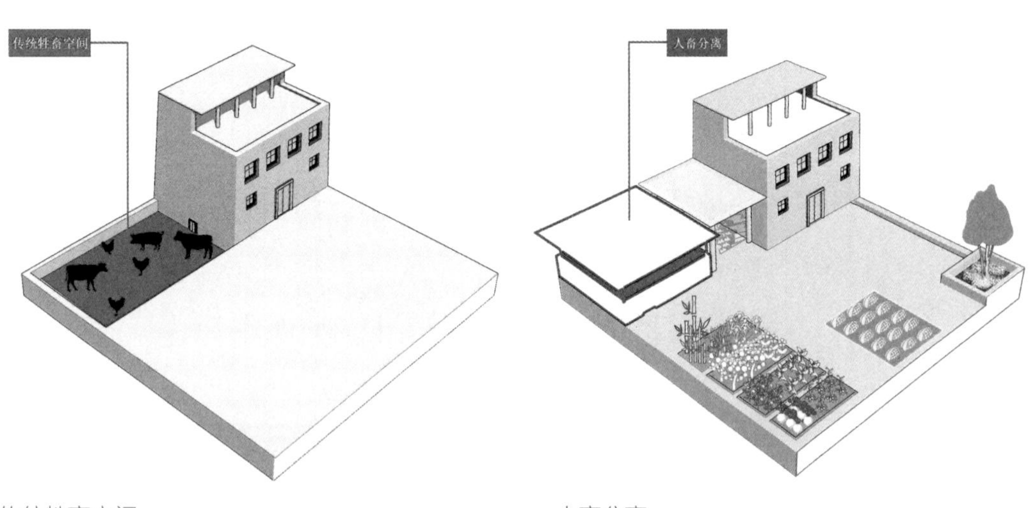

传统牲畜空间　　　　人畜分离

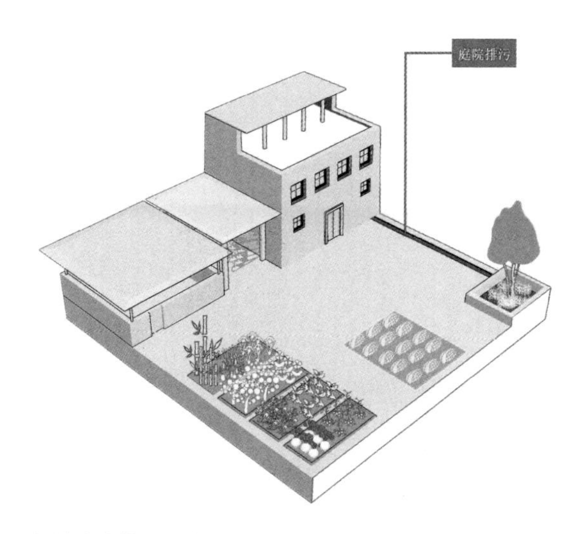

完善庭院排污设施

9.2.2 硬质材料

庭院硬质材料的选用应符合以下原则：

- 将文化与民俗特色进行抽象化处理，在硬质材料中融入民族文化元素。
- 就地取材，尽量选择低成本的硬质材料。
- 在庭院硬质构造中，保持材质、色彩的一致性。

材质一致性

色彩一致性

9.2.3 庭院景观营造

在庭院景观的营造过程中，庭院景观植物配置应符合以下要求：

- 丰富植物的搭配层次，与建筑搭配时能柔化建筑边界。
- 应以适地性原则选择植物，尽量保留原始树种，并增加乡土树种进行造景。
- 逐步加强不同季节的植物景观造次。

9.2.4 特色庭院景观

横断山区庭院空间可利用地形关系丰富庭院景观层次，并衔接好庭院与牲畜空间的关系，从而打造适应横断地形特色的庭院景观。

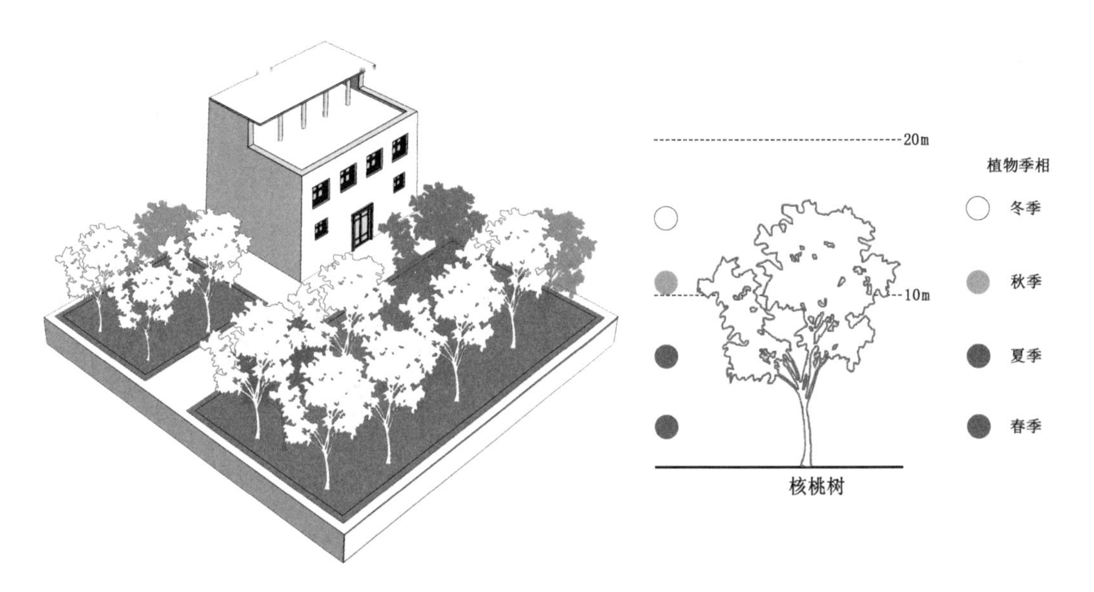

经济林木

横断山区乔木应主要选择对气候和地形适应性较强的乔木树种，同时应兼顾其经济性，建议以核桃树为主。果树类植物主要选择苹果、梨、桃等；庭院及周边蔬菜和粮食作物主要选择马铃薯、辣椒、西红柿、芒荆、小麦、油菜、青稞等；花木植物主要选择兰花车矢菊、月季、卷丹、旱金莲、蛇床等。

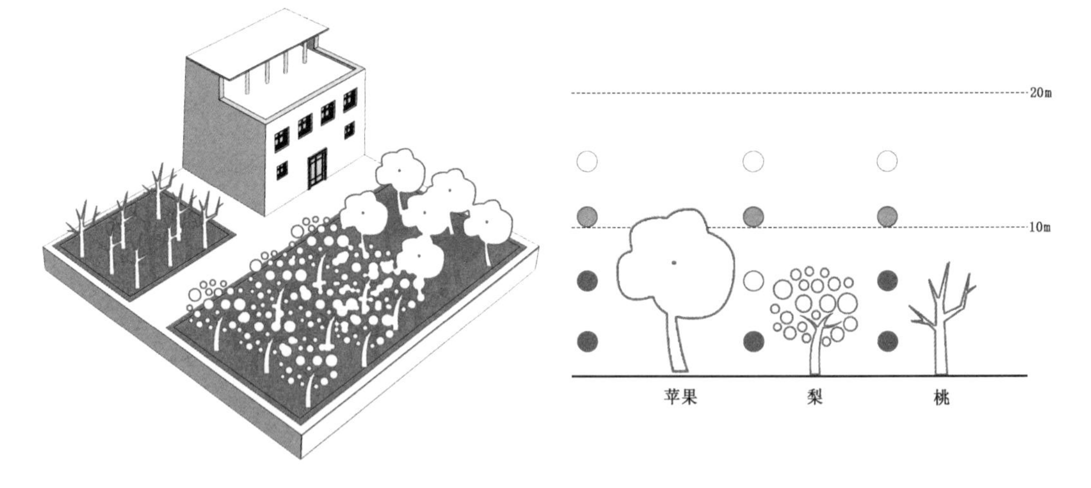

果园

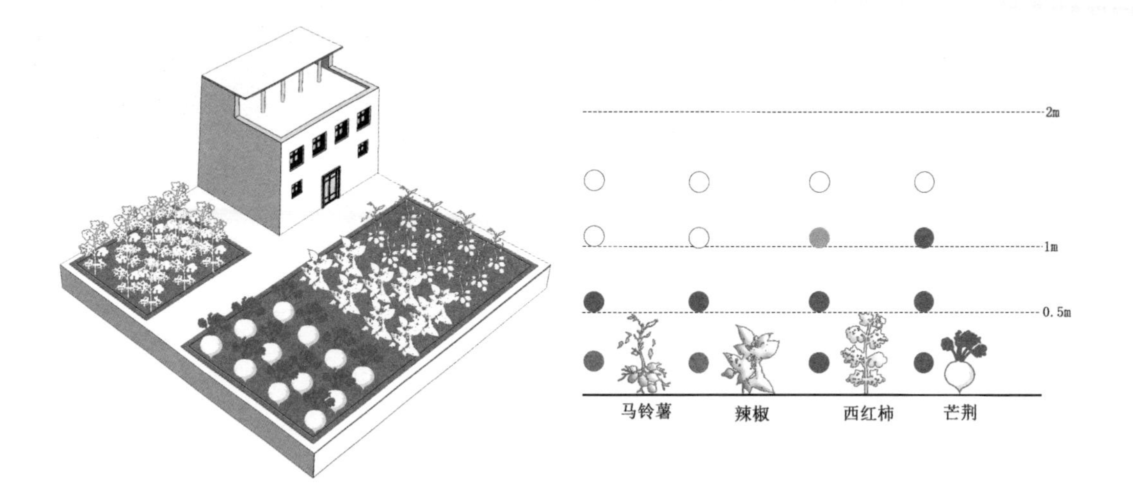

菜园

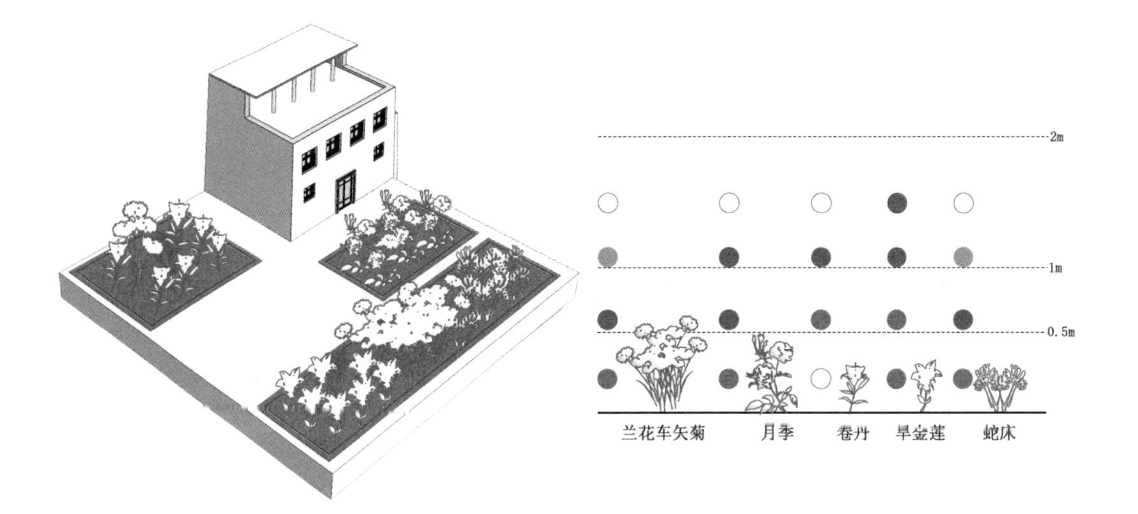

花园

第 10 章　低碳能源利用

10.1　碳汇

横断山区拥有丰富的生态系统，应保护其垂直地带的植被多样性，完善林灌草服务功能，增加碳汇。保护和修复其中重要的湿地。在聚落建设中，减少大拆、大整、大开发。减少森林砍伐、开采，降低碳排放。

通过加强森林资源培育，开展绿化行动，不断增加森林面积和蓄积量，加强生态保护修复，增强森林、绿地、湿地等自然生态系统固碳能力，采取植树造林、植被恢复等措施，吸收大气中的二氧化碳，从而减少温室气体在大气中浓度的过程、活动或机制构建生态碳汇。

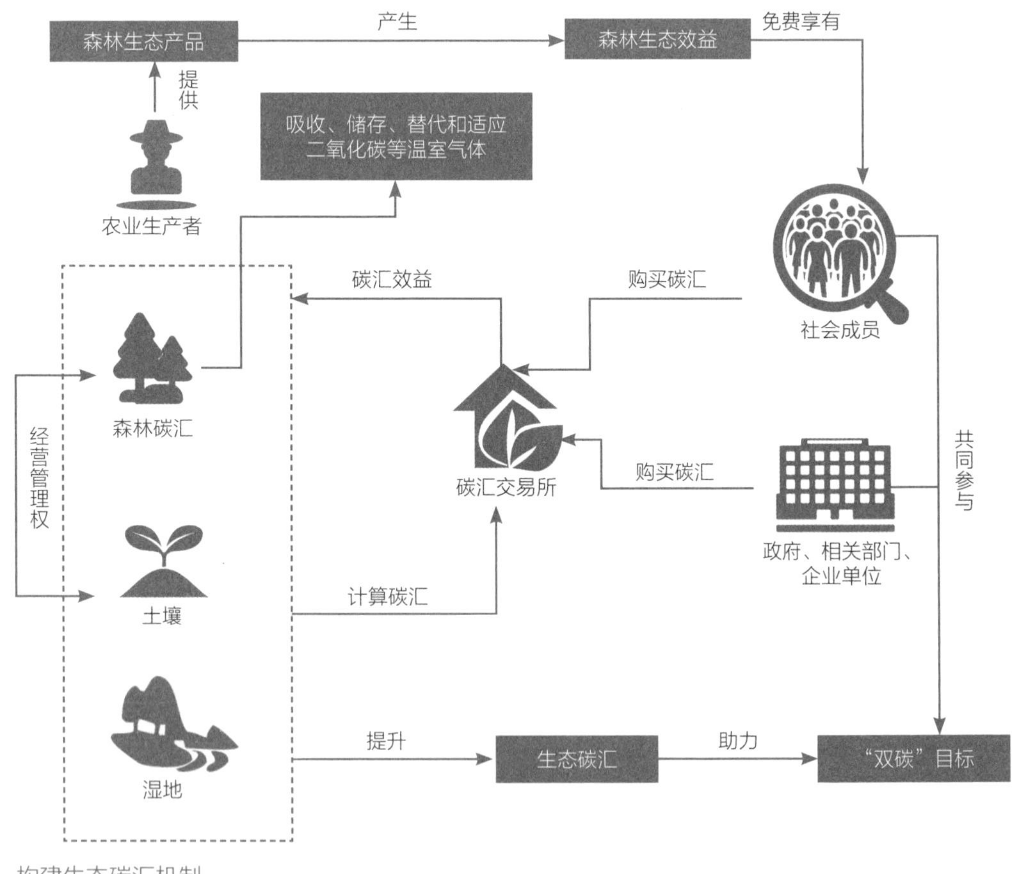

构建生态碳汇机制

应广泛关注横断山区生态保护价值，有效发挥横断山区森林、湿地、土壤的固碳作用，提升生态系统碳汇增量，结合横断山区面向农业、村落和生态三大空间，围绕山水林田湖草各生态要素固碳增汇。

整理农业空间

- 整理农业空间：通过减少翻耕、秸秆还田、施用绿肥等增加土壤肥力，通过发展循环农业，打造全新农业生产方式，进行低碳型土地整治等。

提升生态空间

- 提升生态空间：提升林灌草质量，增加碳汇；保护横断山区的生物多样性，提升土壤固碳能力。

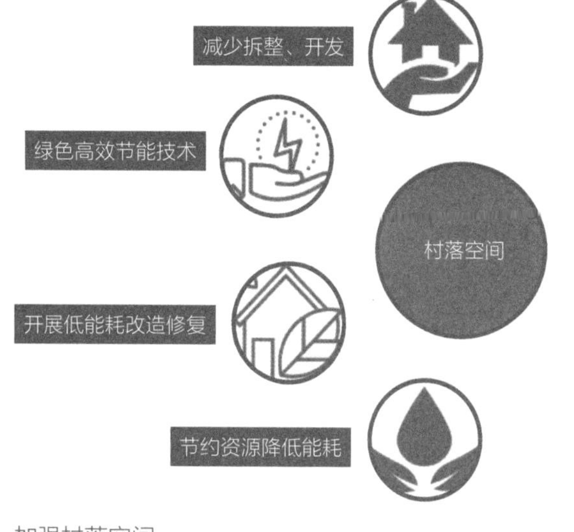

- 加强村落空间：横断山区聚落建设中应减少大拆、大整、大开发，最大限度地保持历史原貌；在乡村改造中要鼓励使用太阳能、节能灯、新型保温性材料等绿色高效节能技术，减少碳排放。

加强村落空间

10.2 清洁能源利用

10.2.1 水能

应凸显横断山区地势条件，充分利用水资源，改善现有水力发电系统，促进横断区域电能使用。

通过构建输送系统，将剩余电力运送其他区域，达到资源优势互补作用。可采用由外框加转轴涡轮组成的小型水力发电机置于水流中发电，并存储于蓄电池模块，所发电量可供村庄路灯照明、为小型公共建筑供电等。

10.2.2 风能

宜采用新型结构和材料，建设风力发电系统，达到微风启动、无噪声、不受风向影响等优良性能。

选取合适区域布局风力发电系统，结合地区环境特点，考虑材料运输及使用要求，节约成本使资源利用最大化。将风能用于村落建筑、路灯等中小型场合，丰富横断区能源种类多样性。

10.2.3 地热能

宜通过合理开发、有序利用、规范管理发展地热资源。可开发温泉旅游，合理发掘为家庭供暖提供便利。

凸显横断山区地域优势，鼓励发展地热能，选取风景优美及交通便利的区域开发温泉，形成疗养中心，在满足能源使用的同时促进家庭清洁取暖系统的构建。

10.2.4 太阳能

宜结合横断山区太阳能资源，构建全年供电、供生活热水的太阳能光伏系统。

10.2.5 生物质能

宜积极鼓励生物质能源的生产和使用，结合横断山区地域资源优势，促进生态敏感地区村寨的能源转型。

横断山区地理位置特殊，因地势环境多变，以太阳能、水能、风能、生物能、地热能为主。横断山区的生物质能源主要包括禽畜粪便、农林废弃物、树叶、树枝、皮毛等，可用于发电、制作燃料电池和生物质颗粒、肥料等。有条件的村庄可根据实际需求设置堆肥间、生物质电厂等，并建立试点进行推广。

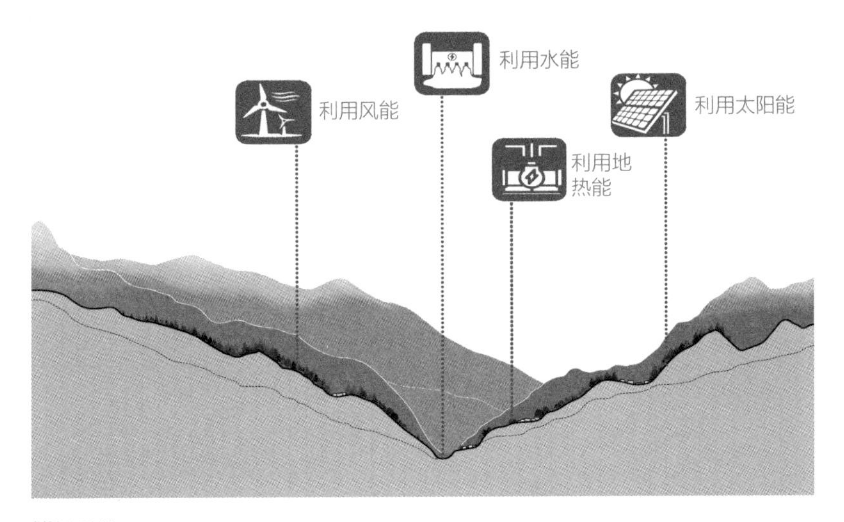

能源结构

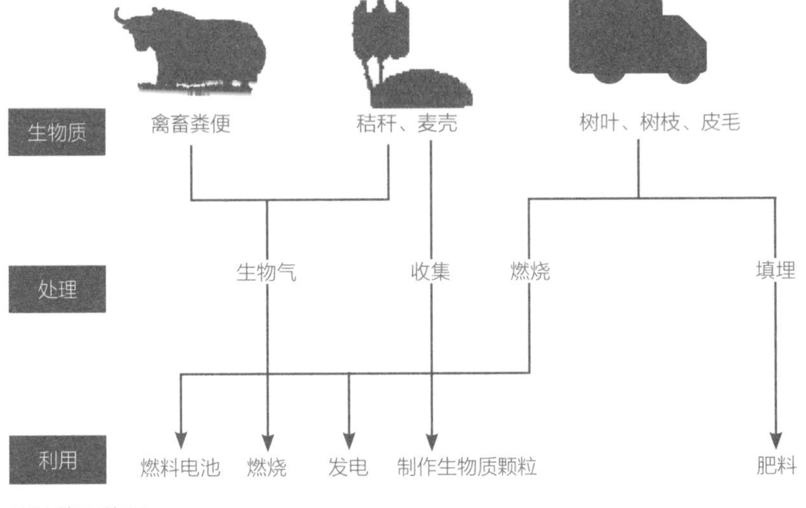

清洁能源体系

横断山区地理位置特殊，因地势环境多变，目前使用较多的是太阳能、水能、风能、生物能、地热能。可利用多元能源。

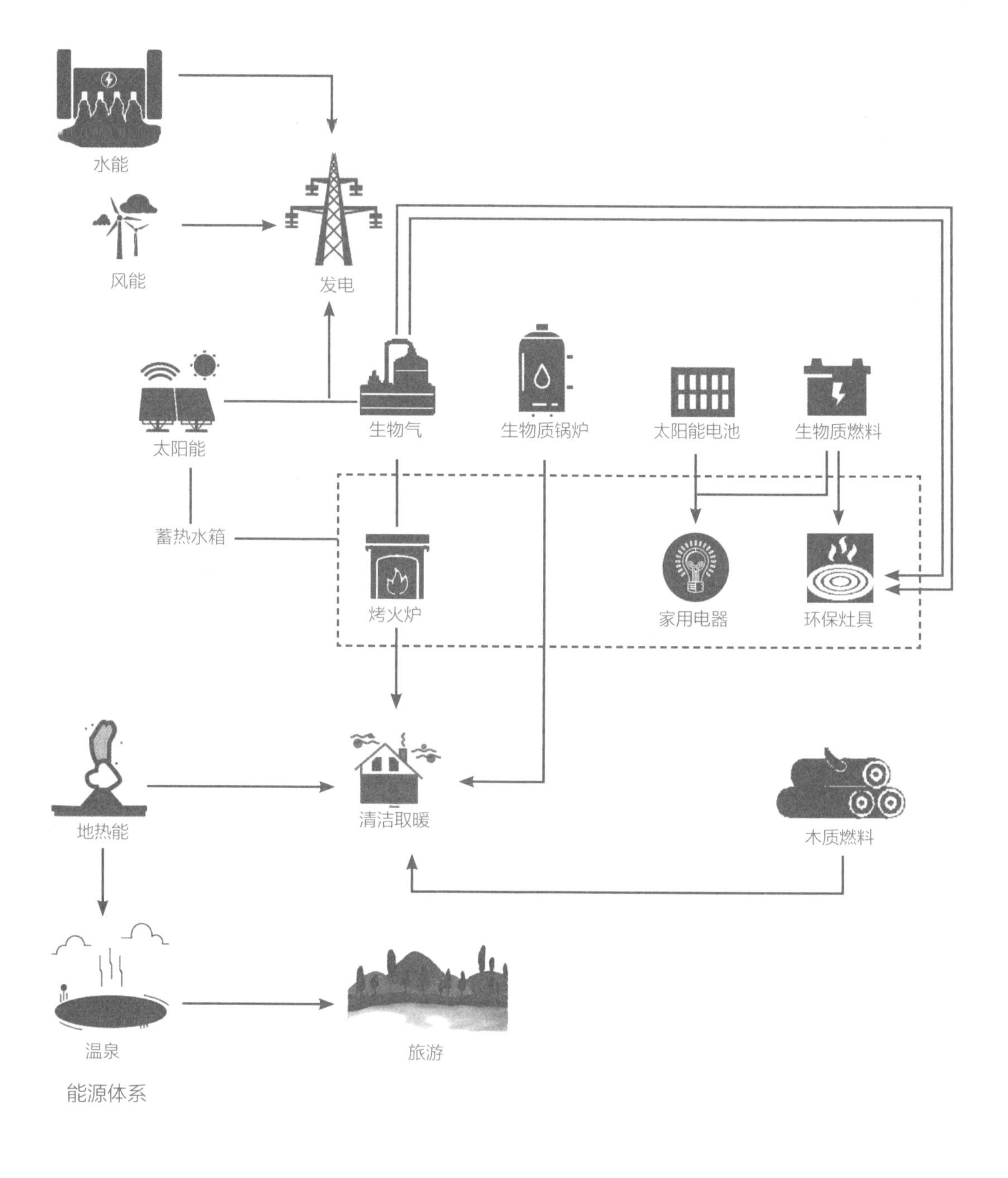

能源体系

第 11 章　生态基础设施

11.1　生态基础设施建设

宜结合横断山区区域内自然和半自然系统，建设生态基础设施，降低因地势险峻、植被覆盖率低带来的生态问题。通过对生态基础设施现状进行分析与评价，进而对生态环境进行合理规划、保护和利用，应对生态退化的情况，提出生态恢复建议及工程措施，降低地震、地质灾害、气象灾害及其次生灾害的威胁，提高生态系统稳定性及区域韧性。

横断山区生态基础设施主要包括森林、灌丛、草地、河流、湖泊、湿地等自然基础设施和农田、水库、水渠、透水铺装、植草沟、立体绿化等半自然基础设施。

11.2　加强软质驳岸建设

分类引导生态驳岸建设，以软质驳岸为主，硬质驳岸为辅。在生态敏感区域加强软质驳岸建设，充分保证岸边与水体之间的水分交换和调节，同时也具有一定的抗洪强度。可以起到保持水土、防风固沙、涵养水源、保护生产、改善环境和维持生态平衡的作用。

软驳岸多为自然式，强调原生态，多利用原有地形，因地制宜，如建有水生植物的缓坡、原有岸滩等，使其看起来像自然地貌一样。

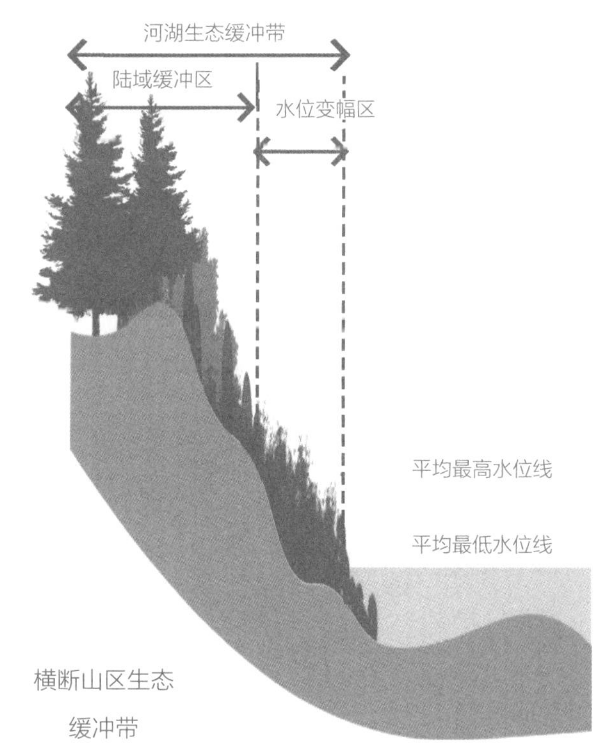

11.3 建立防护林体系

应建立流域地带性防护林体系。加大对天然林和公益林、新造幼林地等封育保护力度，开展退化生境的生态修复。

防护林体系以山脚、河岸分别建设。根据河岸实际情况，开展防护林体系建设，主要选用横断山区河岸生存力较为顽强的植被进行防护林建设，选用的植被能够保护河岸不受水流冲刷，导致泥土流失，山脚选用的植被能够阻挡山体泥石流及落石，降低对区域农业用地的影响。

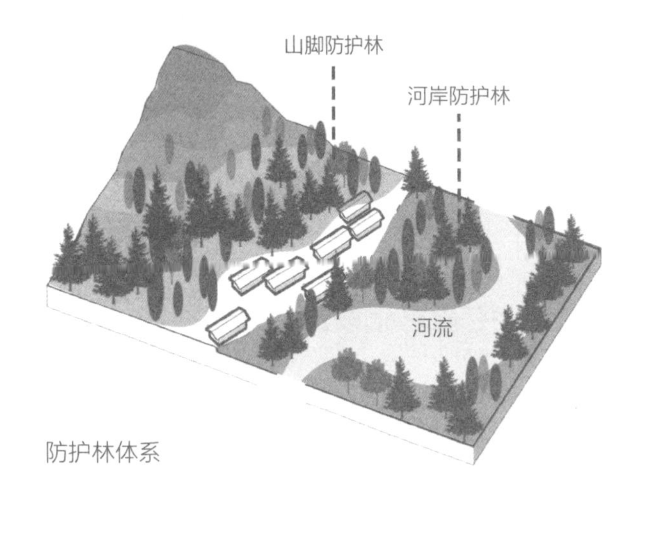

防护林体系

11.4 合理利用人工斑块

在横断山区半自然生态系统中，应发挥自然基质和人工基质之间的协同作用，优化农田结构，建立农田植被带，合理利用人工斑块。使农田生态系统能够更好地发挥净化大气、水源涵养、维持养分循环、维持生物多样性的作用；为农作物提供较好的生长环境，使得农业生产稳产、高产；同时还能提高植物多样性和土壤渗透性，促进生态系统的良性循环。

自然基质在人工管理下高效地进行物质能量循环，承担着水土保持、大气调节和蓄洪抗旱等生态功能，而农田是人工基质最主要的类型。
横断山区人工斑块主要由农田和人工林地构成，提供更多物种生存的环境和营养。

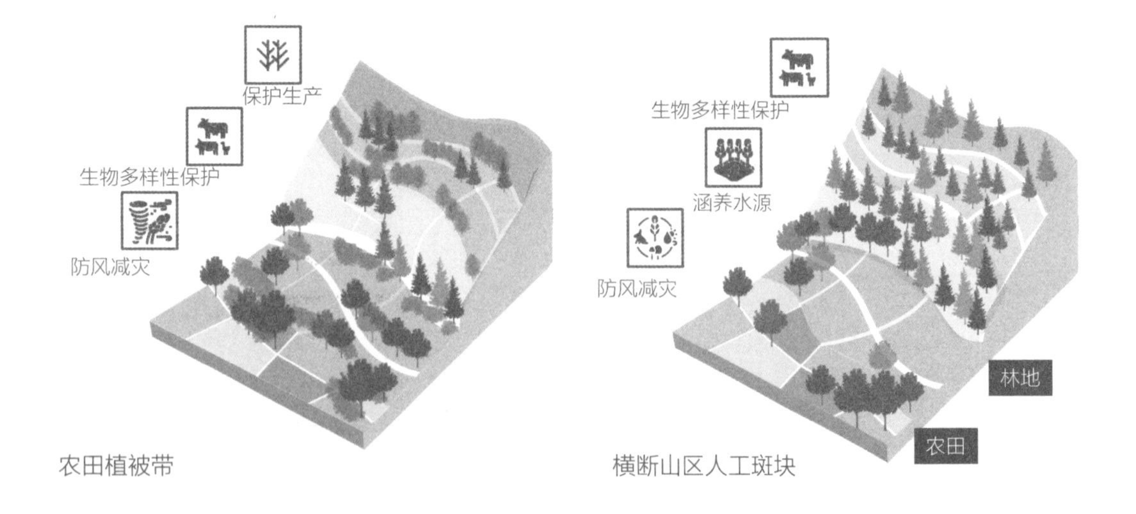

农田植被带

横断山区人工斑块

11.5 灰色基础设施生态化

应将灰色基础设施生态化，为使横断山区的灰色基础设施发挥服务功能，同时产生良好的生态效应。应通过绿色自然的工程手段（例如，在河流底部铺设土壤、石子恢复河流自然断面及流线，在道路两旁铺设草皮、种植乔灌木等）。对横断山区内给水排水设施、人工道路交通进行生态化改造。

河道生态化改造

11.6 完善水安全保障机制

应建设生态沟渠及蓄水设施，建立完善的水安全保障机制。横断山区水能资源丰富，是我国水资源较为集中的地区之一。但近年来，横断山区产水量空间分布不平衡且有下降的趋势。针对横断山区的水土流失、季节性缺水、安全饮水隐忧、水生态保护压力增大等问题。应建设生态沟渠等生态设施，并建立起完善的水安全保障机制。

对于季节性干旱问题，可通过可持续水资源管理加以解决。通过灌溉用水、生活用水回用以及地下水积蓄来进行水存储，之后将回用的水用于农业灌溉，剩余水流入地下，补充地下水资源。对于极端用水以及如何排涝问题，也可通过可持续水资源管理来解决。可通过道路排水系统，汇入河沟池塘，剩余部分流向梯田，灌溉农田，最后流向河流湖泊进行水储存。

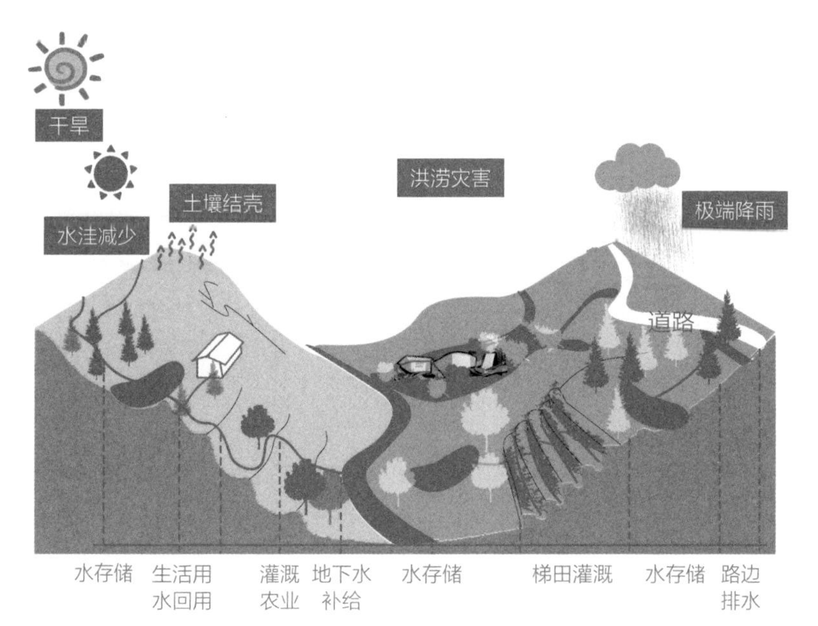

水安全保障